葡萄栽培

与病虫害防治
原色图谱

U0320868

● 赵立强　孙曙荣　姜海军　主编

中国农业科学技术出版社

图书在版编目（CIP）数据

葡萄栽培与病虫害防治原色图谱 / 赵立强，孙曙荣，姜海军，主编 . —北京：中国农业科学技术出版社，2018.6

ISBN 978-7-5116-3731-4

Ⅰ . ①葡… Ⅱ . ①赵… ②孙… ③姜… Ⅲ . ①葡萄栽培—图谱 ②葡萄—病虫害防治—图谱 Ⅳ.①S663.1-61 ②S436.631-61

中国版本图书馆 CIP 数据核字（2018）第 116428 号

责任编辑	白姗姗
责任校对	贾海霞
出 版 者	中国农业科学技术出版社
	北京市中关村南大街12号　　邮编：100081
电　　话	（010）82106638（编辑室）　（010）82109702（发行部）
	（010）82109709（读者服务部）
传　　真	（010）82106650
网　　址	http: // www.CASTP.cn
经 销 者	各地新华书店
印 刷 者	廊坊佰利得印刷有限公司
开　　本	787mm×1 092mm　1/16
印　　张	5.25　彩插 32面
字　　数	115千字
版　　次	2018年6月第1版　2019年5月第3次印刷
定　　价	59.90元

《葡萄栽培与病虫害防治原色图谱》

编委会

主　　编：赵立强　孙曙荣　姜海军

副 主 编：段冠英　周灵敏　赵姗姗　顾　坤

　　　　　宁海勇　李素芳　季建宁　刘增涛

　　　　　李　欣　王进凡　张卫红　候　勇

　　　　　李　涛　陈加伦　陈云霞　阳立恒

　　　　　吕玉华　康长胜　杨福丽　宋长如

　　　　　王小慧　张红伟　李剑锋　胡学飞

　　　　　宋进库　段　胜　李俊霖　柯青霞

　　　　　郭彦东　闫学梅　王国胜

编写人员：宋海文　唐洪兵　栾丽培

前　言

本书以葡萄生产岗位上必需的专业知识和技能为目标，以小面积葡萄种植户为服务对象，轻理论，重实践，讲述了葡萄生产过程中的怎样做。主要介绍了现在的主要栽培品种和有推广潜力的新品种；以工作流程的方式介绍了葡萄园的一年管理；按照建造步骤讲解日光温室和日光大棚建造过程及规格；说明了葡萄苗木三种繁育方法；将肥水管理、病虫害防治及修剪有机地融入露地葡萄和温室葡萄周年管理当中，病虫害防治主要做到认识病虫、知道防治关键期、了解一般预防药剂和治疗药剂。

由于时间紧迫，编者知识、经验和文字水平有限，书中难免出现疏漏和不足之处，恳请广大读者和专家提出宝贵意见和建议。

编　者
2018年5月

目　录

第一章 葡萄品种

第一节 极早熟品种

一、早夏无核

又称夏黑芽变，欧美种。极早熟，比夏黑早熟20天，果粒颜色、粒重、甜度、产量等比夏黑优越，效益极高，是一个有发展前景的品种。

二、早霞玫瑰

初成熟时为鲜红色，充分成熟时为紫黑色，具有玫瑰香味，果肉硬脆，深紫色，着色好，平均粒重5.7克，可溶性固形物含量14.5%~16.6%，果穗大，穗重0.5~1千克。不裂果，不落粒，商品性好。极早熟。是一个优秀的极早熟品种。

三、黑芭拉多

极早熟，丰产性、稳产性、抗病性强、高品质、运输性强的最新品种。展叶到成熟不到100天，不用疏花疏果、省工省力。紫黑色，果穗圆锥形，果粒中等紧密，穗重0.5千克。皮薄，肉脆，味香甜，种子两三粒，可以无核化，可溶性固形物19%～20%。

四、晨香

极早熟品种，比夏黑早熟半月。欧亚种，黄绿色，平均粒重10克，椭圆形，可溶性固形物18%～20%，具有玫瑰香味，果皮可食用。树势旺，不徒长，枝条成熟度好，坐果适中，果穗整齐，无需疏花疏果，不落粒缩水，花芽分化好，产量高。

五、绍星1号

欧亚种，深红色，果粒圆球形，完全成熟黑色，粒重8克，无大小粒、裂果现象。穗重0.8千克，可溶性固形物20.7%。有浓厚的玫瑰香味，口感硬、脆、超甜。树势旺，抗病性强。比夏黑早熟一个月以上，该品种代表了全国葡萄的发展趋势。

六、蜜光

成熟期早，比夏黑早10天。果肉脆，有浓郁玫瑰香味，紫红色，充分成熟紫黑色，着色一致，风味极甜，果汁中等，品质极佳，可溶性固形物19%以上。采前不落果，耐贮运。果穗大，圆锥形，果粒大。适于保护地和观光园栽培。

七、春光

成熟早，比夏黑早熟一周。果穗大，圆锥形，穗重0.65千克，果粒大，粒重9.5克，大小均匀。果实紫黑色，有草莓香味。肉质脆，味甜，可溶性固形物17.5%。采前不落果，耐贮运，结果早，生长势强，丰产稳产性好，抗病抗逆性好，适应性广。

八、午夜美人

自然无核，极早熟，极丰产，品质优。不用激素处理可无核，比夏黑早熟10天以上。果穗圆锥形，穗重0.8千克，果粒椭圆形，粒重8克，完熟时蓝黑色，可溶性固形物20%以上。肉脆，耐贮运，花芽分化好，结果系数高，极丰产。

九、巨宝特早

欧美杂交品种，特早熟巨大粒品种。果粒椭圆形，紫黑色，一般粒重13～19克。上色好，果粉多，肉质硬爽，多汁美味，糖度18～21度，酸味少，抗病，丰产，易种，是目前最早熟的大粒葡萄品种。南北都可以种植，特别适宜大棚保护地栽培。

十、甜66

欧美种，是国内成熟最早的反季节葡萄良种。果穗圆锥形，平均单穗重0.6千克，果粒椭圆形，平均单粒重14克，成熟时呈紫红色。可溶性固形物17%，有草莓香味、丰产稳产性好。抗病性强、抗寒性、抗裂果能力极强、适应性广。

十一、甜心玫瑰

果粒呈圆形，紫黑色，带玫瑰香味，果粒平均在15克左右，可溶性固形物22%，上色好，成熟期一致，肉质硬爽，口感极佳，抗病性强，丰产，易管理。

十二、黑康

欧美杂交种，生长势中庸，坐果率高，果形紧凑，大粒大穗，粒重14克，穗重0.8千克，成熟果黑色，可溶性固形物18.7%，浓甜味香，品质极上。耐寒、耐热、耐旱、耐湿，适应全国各种气候。

十三、秋黑

特早熟大粒葡萄品种，果粒呈圆形，粒重13～18克，带草莓香味，上色好，果粉多，成熟期一致，肉质硬爽，多汁美味，可溶性固物20%，清爽好吃，口感极佳，抗病性强，丰产，易管理。

十四、锦峰

特早熟大粒葡萄新品种，果粒呈圆形，紫黑色，果粒15～20克，可溶性固形物20%左右，带草莓香味，上色好，成熟期一致，肉质硬爽，抗病性强，丰产，易管理，是目前国内发展前景比较好的早熟优良葡萄品种之一。

第二节　早熟品种

一、夏黑

早熟欧美品种，巨峰后代。香甜可口，微微发酸。果穗圆锥形，果穗大，穗重0.5千克，果粒着生紧密，近圆形，粒重7克左右，果皮紫黑色，容易着色且上色一致，成熟一致。果肉硬脆，果汁紫红色，可溶性固形物含量20%，有较浓的草莓香味，无核，品质优良。生长势强，不裂果，不落粒。

二、特早美指

牛奶系高档早熟巨大粒葡萄品种。 果穗圆锥形，穗重0.8千克左右。果粒长柱形，极大，粒重14克。果皮薄，呈鲜红色，艳丽美观，果肉透明，有一种浓郁的冰糖风味，甘甜爽口，少核或无核。果肉硬脆，耐贮运。成熟早，品质好，抗病性强，产量高，适合大棚及露天种植，由于其高档的品质，漂亮的外观，市场售价特别高，是一个非常有前途的早熟葡萄品种。

三、七星女王

用美人指和阳光玫瑰杂交而来，长势旺，花芽分化好，果粒重8～10克，椭圆形，可溶性固形物可达26%，穗重0.6～1.2千克，颜色鲜红至深红，可连皮吃，肉爽脆，易膨大无核处理，是早熟极甜葡萄品种之一。

四、玫瑰之星

极早熟，比夏黑早熟15～20天。极丰产，产量高，易种植，抗病，花芽分化极好，可做一年两熟。品质好，有浓玫瑰香味。大果穗，穗重0.8千克。果粒大8～10克，紫红色至紫黑色，肉质硬脆，汁中多，极耐贮运，不掉粒，拉力大，果皮无涩味，含糖量19%～21%。

五、黑美人A09

属欧亚种无核品系，平均穗重0.5千克，果粒长椎圆形至圆柱形，单粒重7.5克，经膨大处理后10~13克，紫黑至蓝黑色。可溶性固形物21%~26.5%，果肉硬脆，可切片，牛奶香味。耐贮运，不裂果、不落果。

六、东方蓝宝石

天然无核，果穗较大，穗重0.6~0.9千克。果粒长圆形，形状细长，最长超过5.5厘米，果粒重8克，最大粒超重过10克，果粒大小均匀一致，果顶凹陷，粒形美观。果肉脆，蓝黑色，着色均匀一致，果皮薄，味道浓郁，可溶性固形物含量达19%以上，最高达23%。粒长奇特，外观极美，着色好，丰产，优质，耐贮运。没有香味，怕日烧。树势较旺，进入结果期早，产量高，适应性强。长势中庸，抗病好管理，适合全国种植。

七、早黑宝

最大的优点在于早熟，可适于大棚栽培。果穗大，圆锥形带岐肩，果穗长16.7厘米，宽14.5厘米，穗重0.5千克，果粒着生紧密。果粒大，短椭圆形，单粒重7.5克，最大可达10克，果皮紫黑色，较厚而韧。果肉较软，可溶性固形物含量15.8%，完全成熟时有浓郁的玫瑰香味，品质上。生长势中庸，抗白腐病能力较强，抗霜霉病能力一般，无裂果。

八、早生内玛斯

极早熟品种，欧洲种，有浓玫瑰香味，生长势中庸，果穗圆锥形，穗重0.6千克。果粒长圆锥形，粒重10克，金黄色，可溶性固形物24%。无裂果，耐贮运，丰产，产量高，抗病虫。

九、早甜

先锋芽变，属巨峰系。成熟早，果粒，果穗大，粒重14克，可达28克，穗重0.8千克。成熟后为紫黑色，果粉多。树势强，丰产，耐贮运。可溶性固形物18%，肉质硬脆。抗病性好，适应性广。

十、蓓蕾玫瑰

欧美杂交种，果穗圆锥形，带副穗，穗重0.4千克。果粒近圆形，紫黑色，粒重6克，果皮、果粉均厚。味甜，有玫瑰香。可溶性固形物22%。生长势中等，产量高，耐寒，耐涝，抗病力强。

十一、香玉

果实色泽金黄，果粒饱满，散发出淡淡的茉莉花香，可溶性固形物20%。香玉比醉金香更早熟，口感更好，糖度更高，叶片更肥厚，生长势更强。

十二、红芭拉多

欧亚种，果穗大，穗重0.6千克。果粒大小均匀，着生中等紧密，果粒椭圆形，粒重10～12克。果皮鲜红色，皮薄肉脆，可以连皮一起食用，含糖量高，可溶性固形物含量为17%～23%，无香味，口感爽脆清甜。不易裂果，不掉粒，耐储运，挂树期长。早果性、丰产性、抗病性均好。是早熟产品中极其优秀的红色品种。

十三、新郁

欧美种，丰产性，稳产性，抗病性强，高品质的葡萄品种。红色，果粒大小均匀，肉质硬而脆，不脱粒，不裂果。果穗圆锥形，紧凑，穗重0.8千克。果粒椭圆形，平均重11.6克。果皮紫红，果粉中等，果肉较脆，味酸甜，含可溶性固形物16.8%。品质中上。贮运性较好，适应性较强，适宜气候干燥地区栽植。宜采用棚架，以中短梢相结合的修剪方法为主，注意留预备枝。

十四、加州玫瑰

玫瑰香风味无核品种，粒重8～12克，果粉薄，口味甘甜，浓玫瑰香味，含糖18%以上，穗重0.6～12千克，丰产抗病。

第三节　中熟品种

一、巨峰

果穗大，穗重0.6千克，果粒着生稍疏松。果粒大，圆形或椭圆形，粒重12克，果皮黑紫色，果粉厚；味甜，有草莓香味，糖度高，口感好，抗病好管理，丰产，适合全国种植。适应性强，抗病、抗寒性能好，喜肥水。

二、金手指

果穗中等大，长圆锥形，着粒松紧适度，穗重0.5千克，果粒长椭圆形至长形，略弯曲，呈菱角状，黄白色，最大可达13克。果粉厚，可带皮吃。有浓郁的冰糖味和牛奶味，品质极上，商品性极高。不易裂果，耐挤压，耐贮运性好。抗逆性、适应性、抗寒性强，唯一的高糖度早熟欧美杂交种。

三、甬优一号

成熟期中熟、比巨峰葡萄略早，坐果率高，上色整齐均匀，树上挂果时间较长，粒重可达16克，果粒圆形，成熟时呈紫黑色，果肉相对较硬，可溶性固形物16%，酸度低，口味较好。

四、辽峰

中熟，枝蔓粗壮，叶肥大近圆形，果穗长圆锥形，紧凑，穗重0.6千克。粒重14克，圆形或椭圆形，果粒大小整齐。果皮紫黑色，果皮厚，果粉厚，果肉较硬，味甜。抗病中等。

五、红先锋

果穗圆锥形，中等大小，穗重0.4千克。果粒圆球形或宽卵形，粒重10克，果皮中厚，紫红色，果粉厚，果肉稍脆，汁中多，可溶性固形物16%，略带香味。抗黑痘病较强，但易感霜霉病、炭疽病。

六、美国五号

粒大，粒重12克，最大可以达到20克。果穗中等，0.5千克以上，黑色，上色一致，抗病性强，抗病性和巨峰一样，对霜霉病、黑痘病、白腐病、炭疽病等都有较高的抗性。

七、巨玫瑰

欧美品种，果穗中等大，一般都在0.5千克以上，圆锥形，外观继承了巨峰的抗性，但是比巨峰不抗霜霉病。继承了玫瑰香坐果率高的优点，即使在非正常管理的情况下也能达到较好的坐果效果。果粒大，粒重10克，紫红色，着色好。不落花，不落果，不裂果，穗型整齐，无大小粒现象。具有纯正浓郁的玫瑰香味，可溶性固形物含量19%～25%。耐高温多湿，抗病性强，不抗霜霉病，不耐贮运。

八、香悦

欧美杂交种，4倍体。果穗圆锥形，紧凑，穗重0.6千克，果粒圆形，粒重12克，蓝黑色，着色一致。浓甜，多汁，具有浓郁桂花香味。可溶性固形物20.3%，比巨峰早熟7天。扦插不易成活，嫁接成活率低，是一个极抗病、丰产、优质的品种。

第四节　晚熟品种

一、摩尔多瓦

欧美杂交种，二倍体，两性花。果穗圆锥形，中等大，穗重0.6千克。果粒着生中等紧密，果粒大，短椭圆形，粒重9克，蓝黑色，着色非常整齐一致，果粉厚。果肉柔软多汁，可溶性固形物17%，极耐贮运，是目前最抗病的葡萄品种。

二、紫地球

欧亚种，果穗分枝形，穗重1.5千克。果粒锥圆形，着生疏散，粒重15克，果粒大小整齐，成熟一致。成熟后紫黑色，果粉厚，成熟上色均匀。果肉脆，味酸甜，略带玫瑰香味，可溶性固形物15%，果肉脆可切薄片、有汁液。耐贮藏性与秋黑基本一致。抗逆性较强。

三、峰后

巨峰系中的红色晚熟品种。果穗圆锥形或圆柱形，果粒着生中等紧密，短椭圆，粒重12克，果皮紫红色，厚，果肉极硬，脆，有草莓香味，可溶性固形物17%。不裂果，耐贮运。树势强，萌芽率高。

四、美人指

欧亚种，果穗长圆锥形，穗重0.5千克，粒重12克，细长形，顶端鲜红，光亮，基部稍淡，如美女手指。皮肉难分离，不裂果，可切片，肉质脆，无香味，可溶性固形物17%。抗病性弱，易感白腐病、黑痘病、霜霉病和炭疽病。

五、红地球

果皮较厚，果肉脆、硬、甜，果粉不易脱落，贮运中不易出现裂果和较重的挤压伤。不易落粒。果皮中厚，鲜红色，色泽艳丽，果穗圆锥形，穗重0.8千克，果粒着生紧密，粒重12克，可溶性固形物16%。

第五节　温室大棚品种

一、温室大棚品种应具备的条件

（1）大棚栽培应以早熟葡萄品种为主，果穗果粒形状漂亮、抗病强、口感好、产量大、商品性强的品种。

（2）能适应大棚内的生态条件，在大棚内能正常的开花生长、结果，耐潮湿低温、耐贮运的品种。

（3）选择生理休眠期短的品种，早熟葡萄品种利于早发芽，早开花结果，早成熟。

（4）符合当地的市场要求，适合不同消费对象，消费层次和消费目的的优良早熟葡萄品种，才能达到理想的经济效益。

（5）对外界环境适应性强、抗病虫性好的品种。

（6）生长期短，从萌芽到果实成熟只需120～150天，通过温室加温等措施，可在5月末6月初上市的品种。

二、温室大棚葡萄参考品种

早紫、早霞玫瑰、早夏无核、红巴拉多、金手指、黑色甜菜、奥古斯特，小蜜蜂、香月、茉莉香、红提、京玉、京亚、京秀、兴华一号、京优、维多利亚、藤稔、无核白鸡心、红无核等葡萄品种。

第二章　葡萄园的建立

第一节　葡萄园选址

一、葡萄生物学特性

1. 根系

葡萄是深根性植物，具有庞大的根系和很强的吸收功能，从而保证了地上部分的生长和结实。

（1）类型，可分为实生根系和自生根系。实生根系是由种子的胚根发育而成，主根发达，生命力强，主根上分生各级侧根。实生苗为实生根系。茎源根系是利用营养器官的再生能力，通过扦插或压条而形成的根系。没有主根，生活能力相对较弱，多为浅根。多年生葡萄枝蔓在气温高、湿度大的情况下，常会生出不定根，这就是气生根。在生产中可以利用这一特性，进行扦插和压条。

（2）根的功能。把植株固定在土壤中，以便从土壤中吸收水分和养分，并贮存营养物质，以及合成一些生理活性物质，如激素等。向上部输送营养，使地上部可正常地生长和结果。

（3）根的分布。一般情况下，根系的垂直分布最为集中的范围在20～80厘米的土层中，吸收根分布于15～40厘米的土层中，抗旱、抗寒的品种根系分布深些。

（4）根的生长。一般根在一年中有两次生长发育高峰，一次在春夏季，新梢第一次生长高峰过后，第二次在秋季，新梢第二次生长基本停止时，其中以春夏季发根量最多。

当土温达到5℃以上时，根系开始活动，地上部分有伤流出现。为了避免伤流，修剪要在休眠期，施肥也要在伤流期前完成。土温达到12℃时，根系开始生长，超过28℃停止生长。当土温在15～24℃，含水量在60%～80%时，根系生长最旺盛。根系的耐寒力较差，有些品种在-10℃时，可受冻害。因此，在寒冷地区要加强越冬保护。

（5）根的适应性。葡萄对土壤的适应性很强，以沙壤土为宜。在深耕园中，土层深厚，肥沃疏松，根系生长良好，分布范围广，深度可达2～3米，比较耐旱。

葡萄根系生长喜氧，根系渍水导致缺氧，可造成根系腐烂，所以在雨季要注意排水。

不同品种的葡萄对土壤酸碱度的适应性有明显的差异。欧洲种适于石灰性土壤，美洲种和欧美杂交种适于酸性土壤。

2. 枝蔓

（1）枝蔓特点。枝蔓具有攀缘性，靠卷须和绑缚直立生长。生长快，年生长量大，一年可多次抽梢，新梢在开花前后生长最快。有髓部，可贮存养分和水分。枝上生卷须，不同品种卷须有连续性和间歇性之分。枝蔓上没有顶芽，只有腋芽。

（2）枝蔓类型。枝蔓可分为主干、主蔓、侧蔓、一年生枝、新梢和副梢。带有叶片的当年生枝称为新梢，可分为结果枝和营养枝。从新梢叶腋外抽生的枝条称为副梢，直接着生在新梢上的副梢称为二次梢，二次梢上抽生的副梢称为三次梢。由营养枝和结果枝组成的一组枝条称为结果枝组。新梢秋季落叶后到来年春季萌芽前称为一年生枝。结果母枝是成熟后的一年生枝，其上的芽眼能在来年春季抽生结果枝。结果母枝着生于侧蔓上，侧蔓着生于主蔓上，主蔓着生于主干上。

3. 芽

葡萄枝蔓的每一节上并列着生冬芽和夏芽两种芽。

（1）冬芽是数个芽构成的复合体，一个主芽居中，3~8个副芽排于两边。冬芽具有晚熟性，一般当年不萌发，来年只有主芽和2~3个副芽萌发，萌发后可抽生双生枝或三生枝，栽培上只留一个发育最好的。

（2）夏芽具有早熟性，单芽。当年萌发生长，萌发后，称为副梢。

（3）隐芽是未萌发的冬芽或冬芽中的副芽，潜伏下来形成。具有寿命长特点，可在重剪的刺激下萌发，多用于更新枝蔓，复壮树势。

4. 葡萄物候期

七大物候期分别是伤流期、萌芽及新梢生长期、开花坐果期、花芽分化期、果实发育成熟期、新梢成熟和落叶期、休眠期。

（1）伤流期。自葡萄根系开始活动，树液流动起到萌芽展叶止。春季，当地温回升引起葡萄根系开始活动，这时剪截或碰伤枝条，会从伤口溢出无色透明的汁液，这种现象称为伤流。

（2）萌芽、新梢生长期。萌芽：春季，当气温上升且日均温稳定在10℃时，葡萄芽即开始萌发。先芽体膨大，随之鳞片裂开，接着芽体开绽，露出绿色。萌发主要取决于气温，还与品种、树势、土壤有关。

新梢生长：萌芽后，新梢出现并开始生长，200天后新梢的生长速度最快，每天加长生长可达5~10厘米。新梢不形成顶芽，只要气温和水分等条件适宜，可一直生长下去，单枝生长量可达5~6米。在开花前后，由于器官间对水分和养分的竞争，新梢生长的速度开始减慢。

（3）开花坐果期。萌芽后，经过40~60天，日平均气温达到18~20℃时，进入开花期。花期一般6~10天。同一结果枝上的基部花序先开，依次向上开。同一花序上，中部花先开，顶端和基部的花后开。大多数品种自花授粉，可满足生产需要，授粉后，子房膨大，发育成幼果称为坐果。盛花后4~8天是生理落果高峰期。

（4）花芽分化期。多数品种的花芽分化开始于开花前后，随新梢的生长，冬芽自下而上逐渐开始花芽分化。全程当年完成，有的跨年到第二年春季完成。只要条件适宜，一年内可以2次甚至3次花芽分化。第二次花芽分化也可用于当年开花结果，这是生产上培养二次结果的生物学基础。

（5）果实发育成熟期。大体要经历4个阶段：浆果迅速生长期、硬核期、浆果熟前增大期和浆果成熟期。

（6）新梢成熟和落叶休眠期。新梢成熟开始于果实成熟前。新梢成熟的外部标志是枝梢木质化，皮色由绿变黄。枝梢成熟越早，抗寒能力越强，产量就越高。

5. 气候条件

影响葡萄生长发育的气候条件主要有光照、温度、水分。气候条件不但决定着葡萄能否在一个地区正常生长和结实，而且还决定着葡萄浆果的产量和品质风味。

葡萄是喜光植物，对光照非常敏感。光照不足，新梢节间细长，叶片黄薄，花芽分化不良，落花落果，果实品质差。葡萄生长的最适温度为25℃，当温度高于30℃时，光合作用迅速下降。在高温和强光下，叶绿素被破坏，叶片变黄，浆果变成棕红色并皱缩干枯。不同品种对有效积温要求有所差异，一般为2 500~3 700℃。早熟品种比晚熟品种要少。葡萄正常的生长发育需要一定的低温休眠，需冷量一般为1 000~1 200小时。萌芽、新梢生长、幼果膨大期要求有充足的水分供应，土壤含水量70%最为适宜。开花期遇阴雨天影响授粉，引起幼果脱落。成熟期雨水过大降低品质，出现裂果。

二、葡萄园选址

首先，要进行市场预测，做到品种对路，供需协调，不会出现销路不畅造成损失的问题。其次当地的气候条件可满足葡萄的生长发育要求。最后是按葡萄的生物特性选择位置。

在低缓开阔的山坡地、有灌溉条件的干旱和半干旱地、地下水位较低的平原地带进行建园。要求土层深厚，土质疏松、肥沃的中性沙壤土为宜，含盐量不宜过大，在0.18%以下。交通便利的地方进行建园，一般在城镇郊区、铁路、公路沿线。

第二节　葡萄栽植

在10厘米地温达到10℃以上时进行栽植，华北地区一般在4月上中旬进行。主要包括苗木定植和栽后管理两项工作。苗木定植的流程是挖定植沟→定植准备→挖定植穴→栽植→浇水。栽后管理的流程是浇水→松土→间作→断根→搭架→解绑→去卷须→引绑→摘心→副梢处理→冬季修剪→清园→下架埋土。

一、苗木定植

苗木定植的流程是挖定植沟→定植准备→挖定植穴→栽植→浇水。

1. 挖定植沟

葡萄是喜光植物，定植沟最好是南北走向。首先，根据行距，确定定植沟的位置，并用石灰做出标记。其次，使用机械挖出宽0.7米，深0.8米的定植沟，将表土和底土分开放于定植沟的两侧。再次，沟底放一些牛、马粪、烂玉米秆和其他的杂草，大约20厘米厚；回填表土到沟深的一半，再放一层发酵好的鸡粪，最后把土全部回埋到沟里；在沟上面做一个平行畦子，宽度略超过定植沟宽度；从畦子一头向畦内浇水，利用水面把畦内整平，同时也沉实土壤。

2. 定植准备

栽前一天核对苗木品种，选择苗木芽眼饱满，具备七八条以上直径2～3毫米的侧根和较多的须根、苗茎直径5毫米以上、无病虫害、色泽新鲜、无风干现象的合格苗木进行苗木处理。

用修枝剪把苗木侧根剪断，留10厘米，苗木留两个芽眼，剪掉多余的芽眼，剪完后，再用清水把苗木浸泡24小时后。栽前用石硫合剂蘸根。

3. 挖定植穴

地面干燥后，在葡萄畦中心顺行拉一条直线，根据株距每隔一段距离插一个小木棍，保证横竖成行。用铁锹在两个小木棍中间挖深宽各30厘米的小坑，坑内施入磷酸二氢铵100克或发酵好的鸡粪，搅拌均匀。

4. 栽植

找一个株距长的木棍，在中间作个记号，将棍的两端对准小木棍，苗木对着记号。上顶的芽眼顺畦子一个方向，或南或北，整块地都要一样。地头上10棵苗上端顶芽方向相反，便于下架防寒。苗木的接口和畦面持平，苗木芽眼露出地面，保持畦内平整。

5. 浇水

及时浇水，栽完几行后就浇水，一天可浇几亩就栽几亩。栽后长时间不浇水会降低成活率。

二、栽后管理

栽后管理的流程是浇水→松土→间作→搭架→去卷须→引绑→摘心→副梢处理→冬季

修剪→清园→下架埋土。

1. 浇水、松土

栽后15天，再浇一次水。浇后进行中耕松土。注意栽植沟内不能积水。

2. 间作

一般种植生长期短、能够在埋土防寒前收获的矮小作物。不能种植与葡萄有共同病害蔬菜等。

3. 搭架

每行隔5～6米埋一根高2.7米，长宽各为10厘米水泥制架杆。在每行两端的架杆上作斜拉线。距地面0.8～1米的位置，拉一道铁丝，用紧线器拉紧。每棵苗子旁插一根1.5米长的竹竿或玉米秸，上端用布条固定在铁丝上。

4. 解嫁接口绑缚

苗木逐渐长粗如不及时将其解除嫁接口处的塑料薄膜，接口处被勒细，影响葡萄体内营养和水分的传输，严重影响葡萄后期及第二年的生长。用剪刀等工具将接口上的塑料布剪开，再将其解下，清理到园外。

5. 去卷须

卷须一般着生在叶的对面，卷须长得又快又多，放任生长不仅消耗养分和水分，而且会缠绕果穗和新梢，随意攀附，造成树势紊乱。因此卷须尽早剪去，如有人力，可随时剪除。

6. 引绑

葡萄去卷须后失去了攀缘的能力，因此要及时的进行引绑，使植株保持直立生长，以利于通风透光。引绑不及时会使树形弯曲而不便于埋土防寒。用旧布条或处理过的玉米叶进行绑缚。绑的宽松一点给苗木留有一定的增粗空间，要随着苗木地生长进行及时绑缚。

7. 病虫害防治

每隔10～15天喷一次半量式波尔多液+中性杀虫剂，均匀喷洒在叶的背面。

8. 摘心、副梢处理

当苗木长到1米左右，有20～25片叶子时进行摘心。最上端所留叶子达到指甲大时，即可摘心。除所保留的20～25片叶片外，去除所有副梢及叶片。

9. 浇水、中耕

结合土壤墒情进行浇水，浇水后及时中耕松土。

10. 修剪

葡萄落叶后进行冬季修剪。冬季修剪不宜过早或过晚。过早，枝条上的养分没有回流到根系，影响植株的养分积累水平。过晚，土壤上冻，不利于埋土防寒。

直径为1.8厘米以上的主蔓可以长梢修剪。主蔓高度留10～12个芽眼，0.6～0.8米高。第二年主蔓上的花芽均可萌发结果。直径在0.8厘米以下的细弱主蔓，须截留3～4个芽。

11. 清园

清园包括物理清园和化学清园。将果园里散落的树叶、修剪落地的树枝集中到一起，再运出果园进行深埋。果园清理完后，全园喷洒5波美度石硫合剂。

12. 下架埋土

葡萄枝蔓下架后，在每株根部挖个土坑，沿一个方向顺直，摁倒在畦内，用草绳捆成一束。弯曲大的枝蔓要尽可能地顺直压缩在畦内。埋土时要先将枝蔓的两侧用土挤紧，然后在其上方覆盖土，防止枝蔓间有漏空。埋土厚度要大于当地冻土层厚度，挖土沟应距离防寒土堆外沿也要大于当地冻土层厚度，防止侧冻，保证树桩四周根系安全越冬。

注意事项：把埋在葡萄树上面的土块打碎。埋土的时候要轻放，以免砸伤葡萄树。

第三章　日光温室和日光大棚建造

第一节　日光温室建造

一、简介

日光温室包括东山墙、西山墙、后墙、后屋面、前屋面和卷铺机六部分，并配有缓冲间。前层面由保温覆盖材料、塑料薄膜及支撑骨架组成。日光温室又称暖棚，充分利用太阳能为主要光、热能源的农业设施。前屋面白天采集、透入太阳能，为棚内植物提供光和温度，到了晚上加盖保温覆盖材料，减少热量散失，起到保温作用。后墙及东西山墙起到保温蓄能的作用，后墙及东西山墙由保温材料砌成，起到保温的功能，白天，墙体在阳光的照射下吸收太阳能；到了晚上，温度降低时放出热量，维持棚内一定的温度水平，以满足蔬菜、果树、花卉等生长的需要。

二、主要标准

1. 整体

南北宽度13～17米，东西长度在80～120米（长度最好是1.8的倍数），内部跨度9～13米，大多12米。配有3米×3米缓冲间。种植区低于地面0.4～1.2米，一般为1米。棚体总高度（地平面以上）4米（图3-1、图3-2）。

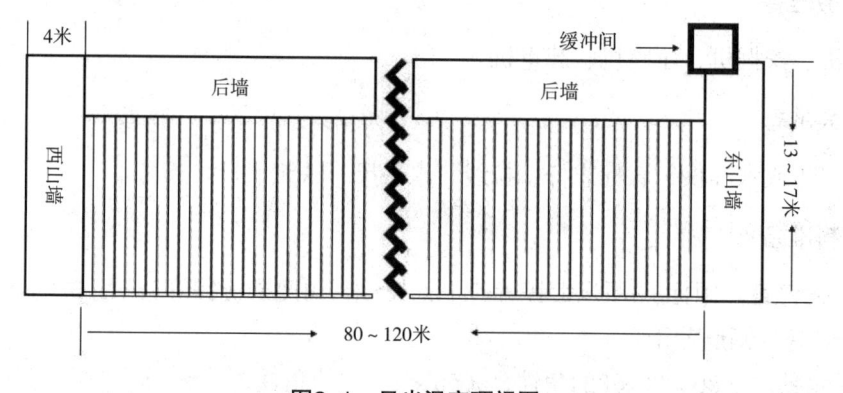

图3-1　日光温室顶视图

2. 墙体：夯土墙体

（1）后墙。外高（地平面以上墙体高度）3.2米，内高（种植区以上墙体高度）4.2米；墙体基部宽4米，墙体顶部宽1.8米；内墙壁向北倾斜5°～10°，后墙外侧采用自然坡形式。

（2）东西山墙。以内部跨度12米大棚为例，外高（地平面以上墙体高度）4米，内高（种植区以上墙体高度）5米；墙体基部宽4米，墙体顶部宽1.8米；内墙壁向外倾斜5°～10°，东西山墙外侧采用自然坡形式。东西山墙最顶部距前基座（用来焊接拱架的混凝土预制件）11米，山墙山顶外高4米，顶部北侧是一个斜面，顶部南侧是一个拱形。前基座以北3米、5.8米、8.4米处墙体外高分别是1.9米、2.9米、3.6米形成了南侧拱形。

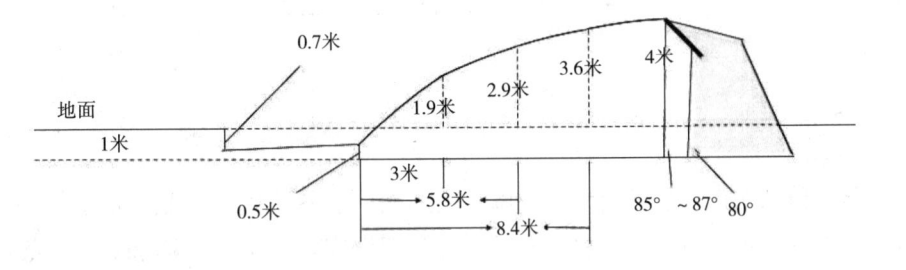

图3-2　日光温室侧视图

（3）后屋面。由泡沫保温板、水泥预制板、土层构成。

（4）前层面。由保温覆盖材料、塑料薄膜及支撑骨架组成。保温覆盖材料一般是保温棉被，寒冷地区可以用双层保温棉被。塑料薄膜分两块，放风膜宽2.5～3米，屋面膜宽12.5～13米。

3. 温室方向

北纬39°以南，南偏东5°较为适宜；北纬41°以北，南偏西5°较为适宜；北纬40°可采用正南方位。

三、施工前准备

1. 机械准备

推土机、挖掘机、压路机、起重机。

2. 工具准备

经纬仪（或水准仪）、标志杆、拉线、水平尺、铁锹。

3. 材料准备

（1）镀锌管。国标8.3厘米镀锌管若干，长5米、4厘米镀锌管若干，3.3厘米镀锌管若干和直径6.5毫米钢筋若干。

（2）角铁。∠80×80×8的角铁、∠50×50×6的角铁。

（3）直径为6.5毫米钢筋和盘条。

此外，还要准备白灰、混凝土、钢丝、钢丝网、塑料薄膜、保温被、压膜线等。

四、施工流程（以内跨12米、长108米温室为例）

温室选址→墙体建设→制作预埋件→焊接钢拱架→铺设后坡→处理前坡→覆盖棚膜。

1. 温室选址

日光温室应选在地势平坦开阔地带，没有大型遮挡物的地方，还要满足避开风口、有较好的土壤条件、靠近水源、远离严重污染区、运输方便，靠近电源、靠近住宅区等条件。

2. 墙体建设

第一步放线

放线要求：温室方向为南偏西5°，坐北朝南，东西延长，每座温室南北宽16米，其中温室内跨度12米，后墙基宽4米，前后排温室间距10米。在后墙的南北边沿、温室前基座、东西山墙的东西边沿插标志杆。

第二步取表土

使用推土机将温室中30厘米耕作层的熟土堆至温室间距南侧，待温室挖好后，回填到栽培畦内，用于种植。

第三步压墙基

墙基必须要坚实，否则容易引起墙体倒塌。用推土机或压路机来回碾压，将地基压实，推土机碾压次数要达到15次，压路机10次。

第四步打墙

打墙分为七次，第一步从温室内取土65厘米，放于墙基处，放土范围要大于墙基，超出标志杆，为切墙留下余地。用推土机压实，推土机碾压次数要达到15次。然后依次上第二、三、四、五次土，每层土60厘米，要求压实。五层土取完压实后，墙体外高必须达到3.2米左右（原地面以上）。每层土上完一小时内必须进行碾压，碾压方法与压墙基要求相同，并且要平整一致。注意山墙南端是一个拱形，打墙时要打出雏形，前基座以北3米、5.8米、8.4米处墙体外高分别是1.9米、2.9米、3.6米形成了南侧拱形。第六次和第七次分别取土4米按山墙形状造山墙顶部，分别用推土机碾压10次。也可以山墙和后墙分开打，但要山墙包后墙，也就是山墙长度是16米。这样可增强山墙的稳固性（图3-3）。

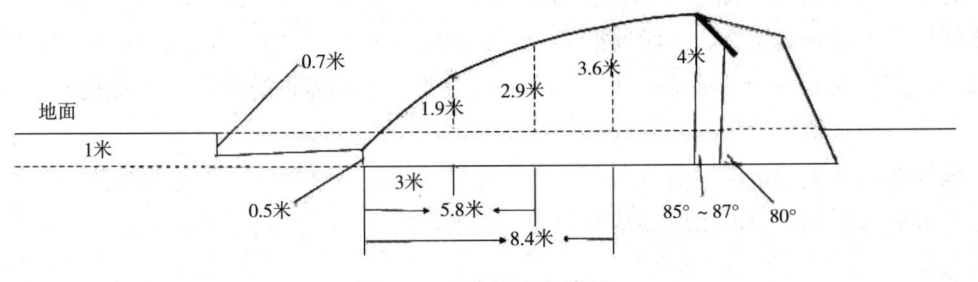

图3-3　日光温室山墙图

第五步切墙

打墙完成后，在后墙、东西山墙的内墙壁位置后划一条白线，沿白线切去多余的土，使内墙壁与地面呈80°夹角，这样有利于墙体的稳固。墙壁外侧采用自然坡的形式。

第六步修整墙顶

将后墙顶整平，达到后墙高度。整修出东西山墙南端的拱形，达到前基座以北3米、5.8米、8.4米处墙体外高分别是1.9米、2.9米、3.6米的南侧拱形要求，修整出北侧的斜面。

第七步表土回填

将推于南侧的表土回填于温室内，通过旋耕耙平，整平种植区。种植区低于地面1米。

第八步二次下挖

将温室前3米长的地面使用推土机下挖推平，可将土推于二次下挖区的南侧。在温室南侧形成一个低于地面0.5米，高于温室内种植区0.5米，宽3米的近温室稍高的二次下挖区域。

第九步切女儿墙

从后墙顶内侧向北0.5米处切除厚度为1.05米的土层（也就是从后墙顶的内侧切下一个与温室同长，南北宽0.5米，高1.05米的长立方体），将后墙墙顶改成女儿墙状结构，从而保证后屋面仰角达45°，使更多的阳光照射到后屋面内侧，进而达到积蓄更多热量的目的（图3-4）。

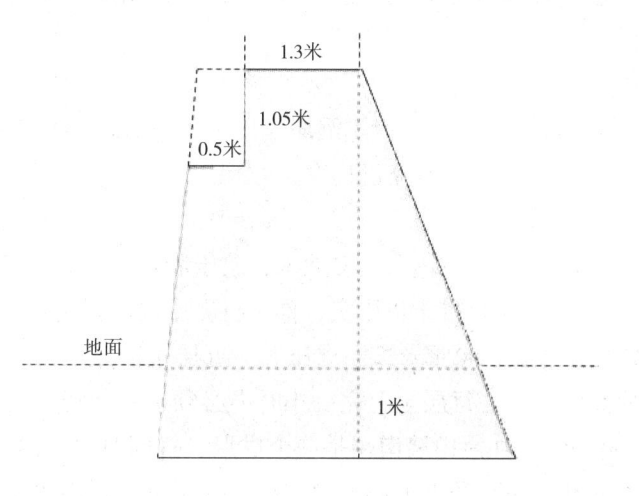

图3-4　女儿墙侧视图

第十步埋设地锚

先在东西两山墙外侧挖地锚沟，宽0.6米，深0.8米，长度与前屋面相等、相齐。沟内放水泥柱或电线杆等重物，在距前沿0.5米、2.5米、4.5米、6.5米、8.5米、10.5米处，拉出地面一根直径为6.5毫米的盘条，下端系于水泥柱上，上端做钢筋扣。最后埋土踏实。

第十一步平整种植区

墙体建成后，确定出后墙及东西山墙的边界，然后平整种植。先平地，再浇水兼顾平地，最后再平地，使棚内地面基本平整，土壤紧实。

3. 制作预埋件

第十二步浇筑立柱基座

先在距后墙内墙壁1米处，找出棚内地面水平线。然后在每隔1.8米处的点下，以该点为中心挖一个30厘米×30厘米×30厘米的基座预制坑，夯实坑底。再现浇混凝土，使所有立柱基座的顶面在同一水平面上（混凝土配比为1份水泥+2份水洗沙+3份石子）。最后在基座中埋25厘米长的∠80×80×8角铁，角铁位置是基座中心东南角，两边距中心都是4厘米，露出基座5厘米，以便焊接立柱。浇筑完成后养护7天以上，才可以在其上进行施工。

第十三步浇筑后墙预埋件

先在后墙女儿墙的矮墙墙顶内墙沿向北0.43米处，沿东西向下挖一条与温室等长，宽15厘米、深25厘米的预埋沟。然后现浇混凝土（混凝土配比为1份水泥+2份水洗沙+3份石子），顶面与女儿墙矮墙墙顶相平。最后在后墙预埋件正中心，每隔60厘米上埋入15厘米长的∠50×50×6的角铁，露出顶面5厘米，每隔两根预埋铁后，第三根预埋铁必须和立柱基座预埋铁对齐，以便于焊接后坡支架，也利于稳固。浇筑完成后养护7天以上，才可以在其上进行施工（图3-5）。

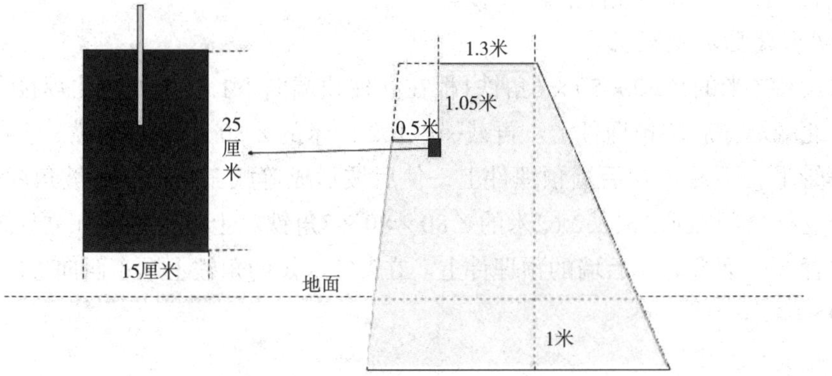

图3-5 后墙预埋件侧视图

第十四步浇筑拱架前基座

先在温室前沿按设计宽度东西向挖出建宽24墙的地基，要求墙高25厘米，墙顶与二次下挖地面相平。然后夯实地基，在砌墙过程中每隔60厘米留出与后墙女儿墙的矮墙上的预埋铁相对齐的前基座位置。最后浇筑混凝土（混凝土配比为1份水泥+2份水洗沙+3份石子），在混凝土正中埋入15厘米长的∠50×50×6的角铁，露出顶面5厘米，以备焊接主副拱架用。浇筑完成后养护7天以上，才可以在其上进行施工。

第十五步浇筑山墙预埋件

在东西两山墙的东西中心线上，水平距离距前基座2米、4米、6米、8米、10米和11米处，各挖一个20厘米×20厘米×20厘米的基座预制坑。再现浇混凝土（混凝土配比为1份水泥+2份水洗沙+3份石子）。最后在预埋件中埋15厘米长的直径6.5毫米钢筋段，露出基座5厘米，以便焊接拉筋。浇筑完成后养护7天以上，才可以在其上进行施工。

4. 焊接钢拱架

第十六步焊接钢拱架

一座108米长的日光温室中，每隔1.8米设钢架主拱架一架，共设有59设主拱架。两架相邻的主拱架之间等距离设置两架副拱架，共设副拱架120架。主副拱架合计179架。

焊接拱架所用材料有4厘米镀锌管、3.3厘米镀锌管和直径6.5毫米钢筋。拱架采用上下两层镀锌管，上层受力大用4厘米钢管，下层用3.3厘米钢管，中间用直径6.5毫米钢筋拉花焊成直角形作为支撑柱。具体做法是找一平整场地，根据温室宽度、高度和前坡棚面角度，也可根据山墙的南侧拱形形状，在地面上画出模型线，然后在模型线上固定若干夹管用的铁桩，根据模型焊制拱架，这样做出来的拱架标准统一又方便快捷。

5. 铺设后坡

第十七步焊接立柱

用国标8.3厘米镀锌管做立柱，高5米。将立柱焊接于立柱基座上，焊接时，向北微倾3～5度，加大支撑后坡的压力和重力。立柱上端顺东西方向焊接一根4厘米镀锌管，镀锌管东西两端焊接于山墙预埋件上。

第十八步焊后坡支架

截取长1.85米的∠50×50×6角铁1根在立柱顶端向下1.85米处南北焊接，南端焊于立柱上，北端焊在后墙预埋件上。再截一根长2.62米的∠80×80×8角铁，上端焊在立柱顶端镀锌管上，下端焊在后墙预埋件上，使后坡形成等腰三角形，后坡角度为45°。在相邻两个立柱之间截取2根长2.62米的∠80×80×8角铁，上端分别焊在立柱顶端顺东西向的镀锌管上，下端焊在后墙的预埋件上。在2.62米长的角铁上顺东西向等间距焊接4根∠50×50×6角铁。

第十九步上后坡

后坡支架完成后，上面铺设10厘米厚，宽2.62米的泡沫保温板。保温板铺好后放一层钢丝网、浇筑10厘米厚水泥斜面，也可用水泥预制板替代。

第二十步后坡覆土

放好水泥预制板后，可再铺一层塑料薄膜进行防水。然后从后墙取土，堆积于后坡上。每加厚30厘米的土层稍加压实。覆土高度不超过温室屋顶为宜，做到南高北低，利于排水。

第二十一步保护后墙

平整好后坡的土层后，用一整幅塑料薄膜（或单层保温被）覆盖后墙。棚顶和后墙根两处各东西向拉根钢丝将其固定。

6. 处理前坡

第二十二步上棚架

主拱架南北向，后端上弦焊接于立柱顶端横向镀锌管上，下弦焊于立柱上，前端焊于拱架前基座上。副拱架南北向，后端上弦直接焊在横向镀锌管上，截取一段直径6.5毫米钢筋，一端焊于副拱架下弦上，另一端焊地镀锌管上，副拱架前端焊于拱架前基座上。一定要使拱架向下垂直于地面，南北向上垂直于后墙。顺东西向在拱架的下弦水平距离距前基座2米、4米、6米、8米、10米处焊5道直径6.5毫米的钢筋作为拉筋，将拱架连成一体，拉筋东西两端焊于山墙预埋件上，拉筋在拱架上按南北向均匀分布。

7. 覆盖棚膜

第二十三步棚膜准备

棚膜由上下两块塑料薄膜组成。上块塑料薄膜是放风膜，宽2.5～3米，通过手机或电动卷膜机调节放风口大小的方式进行通风。下块塑料薄膜是屋面膜，宽12.5～13米，由多幅塑料薄膜热压缝粘成。棚膜长度比温室内径长出5～6米。覆盖棚膜时，不可过度用力，以防硬物划破棚膜。注意薄膜正面向里。

第二十四步上棚膜

在晴天10时以后，把下块塑料薄膜展开，拉到前坡棚架上，暴晒2～3小时，将东西两端分别卷入长细竹竿，待整块屋面膜拉展伸紧后，在前坡顶部留宽1.5～1.8米的通风口，两侧分别固定于山墙外的地锚上。上块棚膜的上端用草泥固定于后屋面上，下压住下一块棚膜0.4～0.5米。在上下通风口处安装手动或电动卷膜器来调整通风口的大小。

第二十五步拉压膜线

在棚膜上每隔1.8米拉一道防风压膜线。上端拴在棚脊后东西向拉紧的钢丝上（钢丝可用紧线机拉紧），压膜线拉紧到一定程度后，下端拴在前角外的地锚上。地锚的制作方法是用1米8#铁丝捆绑两块砖，做一固定扣，将其埋入60厘米深的土层中。

第二十六步安装卷帘机

保温被应具有质轻、防水、防老化、保温隔热性好、使用寿命长的特点。保温被长度应大于东西山墙内壁之间的距离0.6米，保温被要在东西山墙上搭压30厘米。选购温室保温被专用卷帘机配套使用，结合使用说明进行安装。卷帘机横卷杆每隔0.5米要有一个固定螺母，以利于穿钢丝固定保温被。准备好大棚东西两侧墙体的压被沙袋，防止大风吹起保温被。

第二节　建造日光大棚

一、简介

日光大棚又称为冷棚，利用太阳能，有一定的保温作用，可在一定范围调节棚内的温度和湿度。主要用于春季提前、秋季延后的保温栽培，但不能进行越冬栽培；更换为遮阴网还可以起到遮阴降温和防雨、防风、防雹作用。

二、类型

从结构和建造材料上分析，应用较多和比较实用的，主要有竹木结构、钢结构和镀锌管结构三种类型。覆盖材料有普通薄膜、多功能长寿膜、多气泡塑料软片、无纺布、遮阳网等。

三、大棚搭建

1. 选址

应选在地势平坦开阔地带，没有大型遮挡物的地方，还要满足避开风口、有较好的土壤条件、靠近水源、远离严重污染区、运输方便，靠近电源、靠近住宅区等条件。

2. 宽高度和面积

单栋大棚南方以6～8米为宜，北方以10～14米为宜。长度以不增加人力负担为宜，一般为90米。高度以1.5～2.0米为宜。单栋大棚以1～2亩（1亩≈667平方米，全书同）最好。

3. 方向及通风

单栋大棚大多南北向延长。通过留中缝和两道边缝进行通风。

四、葡萄常用棚式和结构

1. 单拱大棚

单拱大棚的基架为拱形，用聚氯乙烯无滴膜覆盖，高2.8～3.2米，宽6～8米，长30米以上（图3-6）。

特点:管理方便，可根据需要选择常见的篱架栽培。

图3-6 单拱大棚

2. 联体大棚

一般由两到三个单拱大棚联合成一个联体大棚。棚宽16~18米，长30米以上，高3.2~4米。葡萄架式多采用水平、屋脊。特点是节省土地和用材，早春保温性好（图3-7）。

图3-7　联体大棚

3. 单行小棚

把每行的篱架的水泥柱加高到2.6米，上横梁加长到1.8~2米，柱顶和梁的两端拉铁丝，用竹竿或铁管在柱顶和两端连接成半圆形拱棚，再覆盖无滴膜。单行小棚的特点是结构简单，管理方便，适合于篱架栽培，葡萄大棚的结构通常是钢管结构、竹木+水泥柱结构、钢管+水泥柱结构等，可根据需要选择（图3-8）。

图3-8　单行小棚

第四章　葡萄苗木繁育

第一节　扦插育苗

扦插育苗是葡萄苗木繁育的重要手段。扦插育苗包括两种方式硬枝扦插和嫩枝扦插，在生产中以硬枝扦插为主。

一、硬枝扦插

工作流程：插条准备→沙藏→剪取插条→浸泡→扦插→成活。

1.插条准备

结合冬剪从品种特征纯正的优良植株上采集生长充实、成熟度高、粗壮、芽体肥大饱满、粗度在0.7厘米以上枝蔓。

2.沙藏

标明品种，50根一捆进行沙藏。

在地势高、排水良好的背阴处挖一条深0.6～0.8米的沟，长度、宽度根据插条的数量而定。先在沟底铺一层10～15厘米厚的湿沙，然后把成捆的插条平放于沟内，捆与捆之间、插条与插条之间填充湿沙，最多三层。插条中间每隔2米左右竖一直立的草捆，以利上下通气。最上面覆一层草秸，最后再覆20～30厘米沙，寒冷地区随气温下降逐渐加厚覆土。

注意事项：插条在贮藏前用5波美度石硫合剂浸泡1～3分钟，晾干后沙藏。贮藏期间注意温、湿度变化。发生失水可以淋水。

3.剪取插条

剪成2～3芽、长15～20厘米的插条。

具体做法：在扦插前从沟中取出插条。在芽眼上方1厘米处平剪，在芽眼下方5～7厘米处斜剪成马蹄形。每20根一捆，下端撮齐。

注意事项：插条上端为平口、下端为斜口。

4.浸泡

放清水中浸24小时，使其充分吸水，插条浸泡后用ABT生根粉稀释液浸泡插条下端

0.5～1小时。

5.扦插

扦插于营养袋、大田，也可进行温床催根后进行扦插。插条芽眼向上，防止倒插。土壤湿度低时，要浇水或喷水。

6.成活

7.简易扦插法

大田浇水后覆膜，按株距在薄膜上用前端较尖的小木棍在扦插穴上打3个插植孔，间距离10厘米，形成"八"字形。每个扦插孔内斜插1根插条，插条间距离10厘米，形成"八"字形，插条上部芽眼与地膜相平。扦插后插植穴内浇少量水。水渗后用细土在插条上方堆一个高10厘米的小土堆。堆土对插条成活十分重要。等成活后，扒开小土堆。

注意事项：出现干旱后用细水沿扦插穴少量浇水，切勿大水漫灌。

二、嫩枝扦插

应用于夏秋高温季节，5—7月。用于小量苗木的繁育。

工作流程：插条选择→扦插方法→插后观察→移植。

1. 插条选择

选择无病、粗细适中的健壮枝条，剪下后，剪去叶片，按15厘米左右的长度截段，每段至少含1个饱满的芽。在芽眼上方1厘米处平剪，下端处斜剪成马蹄形，做成扦插段。

2. 扦插方法

用干净的细河沙铺20厘米厚作成苗床。将剪好的扦插段，以枝条与沙床面约45°的角度，斜插入沙床中，并最上端的饱满芽浅埋于沙床面下1厘米左右，且枝条不能露出沙面。扦插后，需保持沙床的湿润，避免阳光直射。

注意事项：细河沙的湿度以手握成团，松手即散为宜。苗床下不积水。可用喷水的方法，提高湿度。

3. 插后观察

扦插后10天，萌动的芽露出沙床面转绿成长。

扦插后20天，成长着的芽所在的节长出不定根。

扦插后35天，成长着的芽已有2～3张叶子展开，它所在的节已长出大量的幼根，这样，扦插就成功了。

4. 移植

苗木长到10厘米后，移植到大田中。按正常苗期管理，注意保湿遮阴。

第二节　嫁接育苗

砧木大多是野生和半野生种类，可以影响接穗的生长、结果和抗逆性。可不同程度地提高葡萄的抗旱、抗寒、耐盐碱和抗病虫性等，抗逆性和适应性的提高，扩大了葡萄的栽培范围。

一、砧木苗繁育

1. 种子的采集与贮藏

在野生母树林中，选择品种纯正、树势健壮、结果良好、无病虫害的植株作为采种母本树。当母本树的浆果充分成熟时采集浆果，放置冷凉处。果肉软化腐烂后，挤压浆果，洗去果皮和果肉，取出种子，并漂去未充分成熟的瘪种。洁净的饱满种子可以直接和湿沙按1∶3的比例层积。层积温度0～10℃。

2. 催芽处理

次年3—4月将种子取出，沙子的湿度以手握成团但不滴水为度。在25～28℃处将掺沙的种子平铺5～10厘米厚，上盖湿布保湿进行催芽。催芽期间，温度不可高于30℃，不低于22℃。经过5～7天种子开始露白，有20%～30%露白时即可播种。种子催芽不能过度，否则胚根发出太长，播种时不但容易损伤胚根，而且消耗过多贮存养分，造成出苗无力。催好芽的种子如不能马上播种，可将种子放到2～3℃环境下保存，播种前重新放室内锻炼1～2天。

3. 土壤准备

主要包括防治病虫害的土壤处理、施入基肥、整地作畦等。

4. 播种

播种方法可采用条播，因要进行嫁接，可采用宽窄行播种。窄行20厘米，宽行40厘米。株距10厘米，也可进行点播。种子上覆土厚度1.5～2厘米。

5. 播后管理

注意土壤温度变化，地表发干时，可以进行喷水；注意及时松土除草；幼苗长出2～4片真叶时进行间苗、移栽和断根。结合灌水进行追肥，结合喷药进行叶面追肥。通过摘心促进幼苗加粗生长，及时除萌减少营养消耗。加强病虫害防治。

二、嫁接准备

绿枝劈接法是当前葡萄育苗的主要嫁接方法。嫁接用具主要包括锋利的嫁接刀或刮脸刀片、修枝剪、小水桶、湿毛巾、塑料薄膜条等。

三、嫁接方法

1. 嫁接时间

砧木和接穗均达半木质化时即可开始嫁接，可一直接到成活的苗木新梢在秋季能够成熟为止。从5月中旬到7月底。

2. 接穗采集

结合夏季修剪从品种纯正、生长健壮、无病虫害的植株上采集接穗，最好在苗圃附近采取，随剪随接，成活率高。如需从外地采集时，剪下的绿枝应及时将叶片去掉，用新湿毛巾和塑料薄膜包好或放在广口保温瓶中，瓶底放少许冰块，途中2～3天可保持接穗新鲜。到达目的地后，将接穗再用湿毛巾一层层包好，放在电冰箱底层3～4℃处，保存3～4天，嫁接成活率仍然很高。无电冰箱，可将接穗吊在大口井的水面上部保存，效果也很好。

3. 砧木苗圃准备

嫁接前2～3天苗圃浇一次水。

4. 嫁接

在天晴的9时以后，18时以前嫁接为好，雨天或露水太大时不宜嫁接。

（1）接穗处理。从接穗条上截取一节接穗，节上留2～3厘米，节下留4厘米左右。用刮脸刀片将接穗下端制成楔形，削面长3厘米，要少削多留，不露或少露出髓部为宜。削面要平直。

（2）砧木处理。在砧木离地面5～10厘米光滑处截断，下留2～3片叶子。然后竖切一刀。

（3）接合。把接穗插入砧木的"V"形开口中，砧木与接穗形成层一定要对齐，皮对皮、骨对骨。注意防止泥土和其他脏物侵入切口，上蹬空，上露白。

（4）绑扎。用塑料条从下向上捆绑。

（5）套袋、剪口、去袋。用塑料袋把整个接穗套住，起到保湿遮雨确保成活作用。接穗有发芽迹象时，将套袋剪一个口透气，当芽1厘米时去袋。

四、接后管理

1. 浇水

嫁接后，气温高，蒸发大，要注意浇水，保持土壤湿度。

2. 去副梢

随时检查，及时去掉砧木抽发的副梢。

3. 去叶、除萌蘖

当接穗有2～3片小叶时，去掉砧木上的全部叶片和萌蘖。

4. 解缚

嫁接成功后，芽眼开始萌动。当接穗长10厘米后，把绑住的塑料带解开。

5. 引缚

当接芽新梢长到25～30厘米时，要插根竹竿或拉细铁丝及时引缚，随着新梢的延长而不断地引绑，使新梢保持直立，以防着地感染病害或折断，还可保持良好的通风透光条件。

6. 病虫害防治

每隔15～20天喷1:0.5:200倍的波尔多液防病。一旦发生病虫害，可按病虫种类选择用药并及时喷洒消灭，使小苗健康生长。

7. 追氮肥

在6—7月追施尿素或二铵各1次，每次每亩用量15千克，追肥后及时灌水。水落后，进行中耕除草。

8. 副梢处理

每株小苗只留1个新梢，新梢叶腋内发出的副梢随时留1片叶子后摘心。

9. 追磷、钾肥

追15-15-15复合肥，每亩用量20千克，叶面追肥为0.3%磷酸二氢钾溶液。

10. 摘心

8月末到9月中旬，对新梢顶部摘心，促进枝条加粗和成熟。

11. 出圃

首先区分品种、拴好标牌、防止混杂，然后苗圃灌水，而后撤去插棍儿或铁丝，再后挖出苗木，最后苗木处理，在苗的基部往上或接口上留4～6个芽眼剪断，去叶，分品种，挂标牌，捆好放在阴凉处，埋土保存。一般根系要求长25～30厘米，根干不劈裂，新梢粗0.7厘米以上的为合格苗。

第五章　露地葡萄周年管理

第一节　春季管理

春季管理工作流程：紧线→出土上架→清园药→催芽肥水→抹芽→拉穗→催花枝肥水→定枝→去卷须→绑蔓→摘心→副梢处理→花前喷药→叶面追肥。

树液流动期即从树液流动到芽子萌发时为止。一般在地温达到5～14℃时树液开始流动，这一时期严禁造成伤口，出现了伤口就会发生伤流，这样就会影响葡萄正常生长发育。

一、紧线

在出土之前，对葡萄架进行整理，彻底清除上一年的绑缚绳，对于倾斜和松动的立柱要进行扶正和埋实。及时对断了的铁丝进行连接或更换。紧线时，首先把架杆两侧的斜拉线做好，然后把横线分布好。采用紧线器先从最上面一条开始紧，从上到下一条一条的紧，松紧度要一致，线松紧不均，就会导致葡萄枝蔓弯曲。

葡萄架线和架杆组成了葡萄生长的平台。架线的松紧对整个架面的影响非常大。葡萄的枝蔓细长而柔软，无法直立生长。在栽培上必须设立支架和横向拉线，且横线的密度要合理，这样才能使枝叶在架面上合理分布，有良好的通风透光条件，也方便进行园内作业。

二、出土上架

1.撤土

当地表平均温度在10℃左右（杏树花蕾显著膨大）时，撤去2/3的覆土，留下一条宽度为20～30厘米的纵向土丘，不露出枝蔓即可。撤的土回填到秋季取土的地方，露出原土地表面。这样做有利于提高地温，利于根系活动，可有效预防抽条。出现抽条时，可以将枝蔓顶端埋些土，可有效缓解。四五天后再撤掉所有的土。撤土时间要避开晚春时节的冻害。出土时间选择温度15～20℃的晴天为宜，不要选择有雨的天气。

出土过早，芽子萌动需要水分，而根部因温度低，没有开始活动，不能吸收到水分，这样几天内就把枝蔓抽干，造成苗木死亡。在外界温度不构成出土条件时，不要急于撤土。出土过晚，结果枝主芽在土中已经长长，出土时易碰掉。主芽多发出的果穗大，后萌发的副芽发出的果穗小。

2.出土

从上一年秋季放倒时的最后位置开始操作，用带钩的工具把葡萄树从土中钩出来，平放3~5天。

3.上架

将葡萄枝蔓沿上一年的生长方向和倾斜度，轻轻将葡萄的老蔓慢慢向上拉起，上架时，要轻拿轻放，避免折伤、扭伤老蔓和碰落芽体。注意不要把主芽碰掉。

4.绑扎

绑缚材料最好用马莲草、玉米皮、稻草或破布条，最好不要用没有伸缩力或不易腐烂的塑料绳。把铁线向下按1~2厘米，使铁线对树体产生一定的拉力，这样可以防止树体弯曲。枝蔓绑扎不能太紧，影响树体加粗生长，也不能让其在架面上左右移动。生产上常用的方法是用绑扎物在铁丝上打"猪蹄扣"不松动，然后扭成"8"字形，将枝蔓拢住，结上活结，使枝蔓固定于活扣中，这样，为枝蔓加粗生长留有一定的余地。引绑过晚，新梢生长得很长给引绑工作带来困难，枝蔓很难绑直，也会造成树体弯曲给理土防寒工作带来不良影响。也可用绑蔓机进行绑蔓。

5.调整

利于架面通风透光，保证枝蔓间距离均匀，在观察后做小幅度调整。

6.清土

用铁锹把葡萄池里的土清到池外原来取土的地方，保证行内池面宽度1~1.3米，清土时不要弄伤葡萄枝蔓，根部的土清除干净，防止嫁接口上部长出接穗的根，降低抗性。然后把行间的地面平整好。不允许防寒土留在行内池内，这样会造成池面逐年上升，根系上移，对葡萄生长发育不利。

三、扒翘皮

多年生枝蔓，每年会有一层老翘皮脱落，老翘皮不仅会阻止枝干的呼吸作用，影响枝干新陈代谢，同时，也是病虫的隐藏场所，特别是介壳虫类。扒或刮掉老翘皮和病斑有利于减少病虫基数。将刮下的老翘皮和病体收集好带出果园深埋，以消灭越冬病原和虫卵。伤口可以用5波美度石硫合剂涂抹保护。

四、清园药

在葡萄冬芽将萌动时（冬芽呈棉絮状时），喷一遍3~5波美度石硫合剂加200倍五氯酚钠。此次喷药要全面、彻底。树上、地面、立柱、铁丝都要喷药。如果上一年病害严重可以用三唑类药剂如戊唑醇、已唑醇。上一年白腐病严重可以先用福美多，7天后再用石硫合剂进行预防。

五、催芽肥水

将农家肥撒在葡萄池内深翻入土壤中，深度为15～20厘米。也可开施肥沟进行沟施，达到疏松土壤的目的。浇水前撒施尿素15～25千克/亩，70～100克/株，或12-8-24+10Ca复合肥10千克/亩。浇水后中耕保墒。还可在园地地面上覆盖地膜、秸秆、稻草等，对减少蒸发、抑制杂草，调节地温和湿度有明显效果。

葡萄根系早春活动旺盛，需要充足的氧气和养分供给根系吸收利用，故要深翻畦面，从而达到疏松土壤，提高地温和土壤保墒通气能力，促进微生物活动，加速有机质分解，提高肥料利用率，有利于根系的生长和新根的发生。

六、抹芽

在芽子萌发后尚未展叶前，按照"去弱留壮、去晚留早、去密留单、去边留近、去夹留顺"的原则，抹去瘦弱芽、晚萌芽、多余芽、位置不当芽，留下壮芽。抹芽宜早不宜迟，分2～3次进行，间隔3～5天。

注意事项：树势强者轻抹，树势弱者重抹。去弱留壮，抹去密、挤、瘦、弱和生长部位不宜及萌发晚的芽。对于3～5芽，应抹去其中的1～2个。

1.第一次抹芽

在毛茸茸的芽长出1～2厘米时，每个芽眼会长两个芽，我们要用手轻轻抹去比较小的芽，留一个饱满大而扁的壮芽。

2.第二次抹芽

待新芽长出4～5片叶子可以看到花序后，第一年挂果，在主蔓上每隔20～25厘米处留一个粗壮、有花序的新梢。第二年或三四年生葡萄，在结果母枝处留两个粗壮、有花序的梢。其余弱枝、徒长枝以及无花序的枝全部抹去。

3.定梢定果

定梢是抹芽的继续，当新梢长到15～20厘米，在能辨别有无花序、新梢生长势时进行。定梢必须根据品种、树势、负载量、架面通风透光性、管理水平等决定。去掉过强、过弱梢，强结果母枝上多留新梢，弱结果母枝则少留，有空间处多留，过密处少留。一般中长母枝上留2～3个新梢，中短母枝上留1～2个新梢，对巨峰等长势较好的品种，在花前应尽量少抹芽梢，坐果后若影响通风透光，可去除一些过密枝。对长势特好的白香蕉品种，一般可大胆按规定抹芽梢。在生产上一般采用①按棚架面积定梢：每平方米保留15～20新梢。②按距离定梢：单壁篱架5～10厘米留一新梢，双壁篱架10～15厘米留一新梢。

定果：一般壮梢留1～2个花序，中庸梢留1个花序，延长枝和细弱梢不留花序。

七、引缚绑蔓

为了合理利用空间，按照一定的距离将枝蔓均匀分布于架面上。用绑扎物在铁丝上打"猪蹄扣"不松动，然后扭成"8"字形，将枝蔓拢住，结上活结，使枝蔓固定于活扣中，这样，为枝蔓加粗生长留有一定的余地。这样，不伤枝条嫩皮、不滑动、防风折。

八、花前肥水

在开花前10天左右，最迟7天前施肥灌水，以满足新梢和花序生长的需要，为开花坐果创造良好的肥水条件。每亩施入2-8-24+10Ca+TE复合肥15～20千克，施肥后灌水。及时进行中耕除草。中耕深度为5～10厘米，里浅外深，尽量少伤根系。缺硼、锌严重的果园，在花前20天叶面追硼肥或锌肥，以后每隔7天喷1次。葡萄是喜钾植物，可定期喷0.3%尿素加磷酸二氢钾溶液。

九、摘心

开花前4～7天到初花期可进行摘心。摘心可暂时中止结果枝延长生长，使其营养物质集中供给花序和叶片生长，达到开花时，叶片全部能进行光合作用制造养分，抑制了新梢生长，从而减轻了其与花序发育的养分竞争，有提高坐果率的作用。实践证明，开花前叶片生长越大，坐果率越高，果穗长的越大。

结果枝：在花穗以上留6～7片叶子达到大拇指指甲盖大小时，即可进行摘心。无论叶片大小，无论枝条长短，都是留6～7片叶子。留叶过多导致果串松散，留叶过少导致果穗着色不好。

营养枝：留10～12片叶子进行摘心。

延长枝：留21～23片叶子进行摘心。

十、副梢处理

副梢处理的目的是限制生长，以免影响通风透光、架面郁闭，引发病害。

结果枝的副梢处理有两种方法：一是花序以下的副梢全抹去，花序以上的副梢可留1片叶绝后摘心，新梢顶端1～2节的副梢可留2～3片叶摘心，以后发出的二次梢、三次梢按此法反复进行。此法费工费时，工作量大。二是除去顶端保留一个副梢处，其余副梢全部抹除。新梢顶端1节的副梢可留2～3片叶摘心，以后发出的二次梢、三次梢按此法反复进行。此法易于管理，好掌握，但果实成熟晚，品质略差。

营养枝的副梢处理：除去顶端保留一个副梢外，其余副梢全部抹除。新梢顶端1节的副梢可留2～3片叶摘心，以后发出的二次梢、三次梢按此法反复进行。

延长枝的副梢处理：除去顶端保留一个副梢外，其余副梢全部抹除。新梢顶端1节的副梢留一片叶子绝后摘心。

副梢绝后摘心：副梢留一片叶子，进行摘心。摘心后抹除叶腋间的冬芽及夏芽，防止再次发出副梢。留一片副梢的叶子是保护这个副梢下边的冬芽，只要有这个叶子在它下边的冬芽就不会萌动，只会积累养分。如果不留这片叶当把延长蔓掐尖以后其上面的冬芽会萌动。那样到第二年葡萄会因为没有可萌发的芽眼而死亡。

十一、去卷须

卷须尽早剪去，如有人力，可随时发生随时剪除。卷须生长迅速，消耗很多营养，不加处理任其在架面上乱缠，不仅影响葡萄生长，也给摘心、新梢引缚、冬剪、下架带来不便。

十二、花前喷药

1.防治时间

开花前2～3天。

2.防治对象

灰霉病、穗轴褐枯病、霜霉病、黑痘病、炭疽病、白粉病和绿盲蝽、茶黄螨等。

3.使用药剂

半量式波尔多液+中性杀虫剂或50%嘧霉胺1 500倍液+50%异菌脲1 000倍液+4.5%高效氯氰菊酯1 500倍液+1.8%阿维菌素3 000倍液或50%咪鲜胺锰盐2 000倍液或20%苯醚咪鲜胺1 500倍液+50%卉友5 000倍液+1.8%阿维菌素2 000倍液+20%吡虫啉4 000倍液。

结合这次喷药喷施一次螯合态的硼锌肥，以提高坐果率及单果重。

十三、花期放蜂

可有效提高坐果率，对授粉不良的品种尤为重要。

第二节 夏季管理

一、无核化处理

生产上大多采用赤霉素在花前和花后各10天左右，分别浸蘸或喷布花序和果穗，浓度为50～100毫克/升。第一次处理是破坏种子的形成，从而达到无核的目的。第二次处理是为了使果粒增大。经过无核化处理的葡萄大粒、早熟、无籽、丰产、优质。

二、疏花序

可结合无核化处理和花序整形一起进行。花前一周，疏除弱小的、畸形的、过密的和位置不当穗，一般弱枝不留穗，中庸枝留一穗，壮枝留两穗（旺二、中一、弱不留）。

应用于花序多、又容易落花落果的品种。合理控制架面负载量，可调整产量，节省营养，以集中养分促进坐果和形成紧凑型果穗。一般每株平均留4～5个果穗为宜，小果粒品种可适当多留，绝对不能全部留二穗，可隔1～2个留二穗的办法。

三、花序整形

可结合无核化处理和疏花序一起进行。在开花前一周进行，先将花序上的副梢掐去，再把主穗上的大分枝掐去2~3个，再将主穗的穗尖掐去整穗的1/5或1/4，最好穗长12~15厘米长，一般所留支梗数以13~15节为宜。使果穗大小趋向一致，坐果紧凑，穗形更美观。养分集中供应所留果粒，着色整齐，提高果实商品性。

四、花期追肥

在初花期、盛花期各喷施一次磷酸二氢钾+0.2%~0.3%硼酸或硼砂溶液，以促进花粉管伸长、提高坐果率，记得喷肥后敲打铁丝。

五、花后喷药

这一时期防治的对象有霜霉病、黑痘病、炭疽病、蓟马、象甲和金龟子等。防治方法是在谢花80%左右时，喷施吡唑烯酰吗啉+异菌脲+苯醚甲环唑+吡虫啉+钙肥混合液，或200倍的半量式波尔多液+中性杀虫剂。可间隔15~20天喷药1次，杀菌剂、杀虫剂要交替使用进行预防。葡萄幼果期对乳油类杀虫剂、杀菌剂比较敏感，容易刺激果面，建议这个时期不使用乳油类产品。

六、顺穗、摇穗和拿穗

在谢花后的下午进行，此时穗梗柔软，不易折断。结合绑枝梢、副梢处理，把搁置在铁丝或枝蔓上的果穗理顺到有空间的位置。同时，将果穗轻轻摇晃几下，摇落干枯和受精不良的小粒。果粒发育到黄豆粒大小后进行拿穗，把果穗上交叉的分枝分开，使各分枝和各果粒之间都有一定的顺序和空隙，有利于果粒的发育和膨大，也便于剪除病粒和喷药均匀。拿穗对穗大而果粒着生紧密的品种作用明显。

七、疏粒

在盛花后15~25天，最迟不能迟于30~35天，在果粒长到黄豆大时进行。先把小果粒疏去，保留大小均匀一致的果粒，再将影响穗形的、过密的果粒剪去，剪去个别突出的大粒和畸形的果粒以及穗轴上向内侧生长的果粒。疏粒越早越好。疏粒进一步限制果粒的数量和大小，使果粒外形整齐，并促进果粒膨大，提高果实品质，同时也可防止果穗过紧引起的裂果。

八、黄豆粒时期喷药

这一时期防治的对象有霜霉病、黑痘病、炭疽病、溃疡病、灰霉病、蓟马、象甲和金龟子等。防治方法是在幼果长到黄豆粒大小时进行喷药，多采用吡唑代森锌+啶酰菌胺+腐霉利+氰霜唑混合液进行预防。或200倍的半量式波尔多液+中性杀虫剂。可间隔15~20天喷药1次，杀菌剂、杀虫剂要交替使用进行预防。

九、去副梢和叶面追肥

第三遍去副梢，可有效减少营养消耗，防止架面郁闭。

叶面追肥：最好在早晨露水干了以后或傍晚进行，一般在10时前或15时后喷洒。中午温度高时，不利于植株对养分的吸收，易发生药害。喷洒时，要做到下翻上扣，不重不漏。选用的肥料是尿素和磷酸二氢铵。

十、催果肥水

花后一周左右，亩施饼肥100千克、尿素15千克、钾肥10千克。用铁锹在两棵树的中间挖一个20～25厘米的小坑，把化肥撒入坑里，然后覆土填平。施肥后灌水，以畦灌的果园，浇后要进行中耕松土，深度为5～10厘米，外深内浅，以利葡萄根系呼吸，促进生根。

每隔7天喷叶面追肥1次，0.3%～0.5%磷酸二氢钾水溶液。

催果肥水的目的是促进果实膨大和种子正常生长发育，增强叶面光合作用，促进枝条充实，提高产量和品质。

十一、去副梢和叶面追肥

第四遍去副梢。

此时果粒会迅速增大，需要大量的养分。要去副梢，改善通风透光，节约养分，集中营养供给果粒。要去得彻底，做得细致，决不留一片新叶。

十二、套袋前喷药

在套袋之前，应该给整个果园进行一次杀菌剂的全面喷施，重点喷布果穗。喷洒高效、低毒杀菌剂和杀虫剂，如200倍的半量式波尔多液+中性杀虫剂。也可以在套袋前用甲基托布津800倍液，疫快净1 000倍液，福星700倍液，各自溶解后混在一起的溶液浸洗果穗。欧美品种可以用过氧乙酸400倍液浸洗果穗。注意不可漏沾或漏喷，不能随意改变药剂浓度。可间隔15～20天喷药1次，杀菌剂、杀虫剂要交替使用进行预防。

十三、套袋

生产中多采用套袋提高果面光洁度，预防病虫害，减低农药残留，提高产品价值，增加经济效益。

时间：坐果稳定后，完成了整果穗和疏果粒后，雨季来临前进行。避开雨后高温天气，温差大的天气。沾过杀菌剂的果穗要干燥后进行。

操作步骤如下。

（1）将袋口端6～7厘米浸入水中，使之湿润柔软，便于收缩袋口。

（2）套袋时，用手将果袋袋口撑开将整个果穗全部套入袋中。

（3）将袋口收缩到穗柄上，用一侧的封口丝扎紧。封口丝上方要有1～1.5厘米高的纸袋边。

注意事项：一定要在晴天进行；严禁用手揉搓果穗；待果面药液风干后套袋；套后10～15天全园摘心，控制新梢，通风透光，促进木质化。

十四、封口药

在整个园子完成套袋之后，喷一遍封口药，可以用杀菌剂+杀虫剂。如200倍的半量式波尔多液+中性杀虫剂，多菌灵+高效氯氰菊酯。可间隔15～20天喷药1次，杀菌剂、杀虫剂要交替使用进行预防。

十五、去副梢、叶面追肥（同上）

十六、预防烂果和霜霉病

在发病前，结合预防其他病害喷洒波尔多液或一般性预防药物。发现病叶后喷洒50%烯酰吗啉1 000～1 500倍均匀喷雾，每隔7天喷1次，和其他杀菌剂交替使用，烯酰霜脲氰、氰霜唑、啶酰菌胺、咯菌腈等。可间隔15～20天喷药1次，杀菌剂、杀虫剂要交替使用进行预防。

第三节 秋季管理

一、去副梢、叶面追肥（同上）

二、着色期喷药

喷洒1：0.7：200波尔多液、70%代森锰锌可湿性粉剂500～600倍液、70%纯托可湿性粉剂600～700倍液、30%苯醚甲环唑悬浮剂2 000～2 500倍液、50%多菌灵可湿性粉剂700倍液。交替使用。

注意事项：注重植株下部的叶片，正面和反面都要喷到。

三、去副梢、叶面追肥（同上）

此时果穗快速着色，需大量的营养来维持果实膨大和后期着色。要去副梢，改善通风透光，节约养分，集中营养供给果粒。要去得彻底，做得细致，决不留一片新叶。

四、着色肥水

这个时期要控氮、增磷、钾肥，每亩追施8-16-40复合肥50千克，可浅沟施或穴施，施肥后覆土灌水，及时进行中耕。同时叶面追肥2～3次磷酸二氢钾或过磷酸钙溶液，提高品质。连续喷2～3次氨基酸钙可提高贮运性。

在着色前后，应控制水量，可增加浆果含糖量，提高品质。

五、除袋

无色品种可不用去袋，采收时连袋一起摘下，有色品种在采收前10天将袋子从底部撕开，增加果实受光，利于果实着色和成熟。如分批采收可分批摘袋。去袋后，可适当疏除挡光的枝蔓和叶子，促进果实着色和枝梢老熟。

六、果实采收

1. 采摘期确定

鲜食葡萄表现出品种固有的色泽，果粒透明，果粒变软有弹性，达到了该品种的含糖量和风味时进行采收。采前10～15天停止灌水。

2. 采前准备

在园内搭好遮阳棚，地上铺好衬垫；准备好包装箱、周转筐和运输工具等。

3. 个人着装

穿布鞋或旅游鞋，着深色便装，要注意防晒。

4. 果实采摘

用左手手指捏住穗梗，右手拿修枝剪，从靠近枝条处剪断，放入周转筐中，运到遮阳棚下。避免伤人和损伤果树。

5. 分级、包装

称重、套保鲜膜、入箱、将箱子整齐摆放于遮阳棚下。尽快运出葡萄园，在园内最多存放两天。

七、采后肥水

采收后，每亩沟施或穴施16-8-16复合肥50千克+钾肥25千克，施后立即灌水。及时进行中耕松土，深度为5～10厘米，外深内浅，少伤根系。

八、秋施基肥

在距葡萄树的根部40厘米处，用挖沟机向外挖一条宽30厘米、深40厘米的直沟，靠近葡萄树的一面沟壁要铲平，填入腐熟的农家肥和少量的尿素、过磷酸钙、硫酸钾等速效化肥，充分混合均匀，距地面留5厘米。向沟内灌水，压实土壤。基肥施用量占全年总施肥量的50%～60%。

第四节 冬季管理

一、冬季修剪

1. 修剪时间

葡萄正常落叶后2～3周后进行，土壤封冻前完成。

2.副梢全剪，新梢截短

3.剪枝时一看二算三剪四复查

首先在骨干蔓上按一定距离选好更新枝留1～2个芽长的短截修剪，延长枝上留4～7个芽，然后再根据树势，架面大小，留芽量来选择结果枝（即母枝），更新枝选完后，则逐年培养成结果枝组，并对结果枝组实行单枝更新，以防结果部位外移。

注意事项如下。

（1）剪口在距离芽眼2～3厘米处剪截，如果节间比较短，可以在剪口的上一节节部剪断，因为节部有膜封闭髓部，可以防止剪口干枯。

（2）在疏去徒长枝、竞争枝、衰弱枝时，剪口上要留1～2厘米长短桩，以防剪口紧贴老枝，造成伤口侵入老枝内部，影响老枝生长。

（3）剪去老蔓上的枝梢时，不要使伤口过密，以免产生输导障碍，影响植株生长。

二、清园

1. 物理清园

将果园里散落的树叶、果穗、果粒、修剪落地的树枝集中到一块之后，再运到果园外边进行深埋。

2. 化学清园

全园喷洒5波美度石硫合剂消灭越冬菌源。

三、下架埋土

1. 下架

要先在每株树根部同侧挖个土坑，方便摁倒树蔓。葡萄枝蔓下架后，要向一个方向顺直，摁倒在畦内，用草绳捆成一束。弯曲大的枝蔓也要尽可能地顺直压缩在畦内。

2. 埋土

埋土时要先将枝蔓的两侧用土挤紧，然后在其上方覆盖土，防止枝蔓间有漏空。挖土沟应距离防寒土堆外沿大于50厘米，防止侧冻，保证树桩四周根系安全越冬。

注意事项如下。

（1）把埋在葡萄树上面的土块打碎。

（2）以葡萄树为中心进行埋土，埋在葡萄树上面的土在40厘米厚即可。

（3）埋土的时候要轻放，以免砸伤葡萄树。

四、灌封冻水

在土壤封冻前灌一次封冻水，增加土壤水分，减小表土层温度变化，提高根系抗寒性。

第六章　温室葡萄周年管理

第一节　休眠期管理

一、强迫休眠期

1. 扣棚预冷

在外界夜间最低温度连续5天低于7℃左右时进行扣棚，并在棚膜上覆盖保温被。预冷初期白天用保温被全部覆盖遮光，减少热量进入，起到隔热作用；夜间升起保温被，使棚内的热量更多的散出来，更快地降低棚内温度。白天关闭所有通风口，防止热空气进入棚内；夜间打开通风口，让冷空气进入。预冷中后期棚内温度稳定在7.2℃以下时，可全天覆盖。温度不要低于0℃。从棚温低于7.2℃时，开始估算低于7.2℃的小时数（需冷量），当达到800～1 000小时后，就完成了扣棚预冷期。大多数品种经过30～40天的低温预冷便可完成休眠。此时扣棚的目的是为了让棚内保持一个低温环境，以满足葡萄的需冷量，尽快通过休眠期。

葡萄落叶后须经过一定低温才能度过休眠，越晚熟品种的需冷量越大，早熟品种一般在0～7.2℃经过800～1 000小时才能顺利通过自然休眠，并正常萌芽生长开花坐果。

2. 落叶后修剪

（1）双篱架单蔓整形长梢修剪。株距0.5米，小行距0.5米，大行距2～2.5米。两行葡萄生长出来的新梢向外倾斜搭架生长，形成一个下宽0.5米，上宽2～2.5米的双篱架结构。

当年定植后，当新梢长到20厘米后，每一株葡萄选留一个壮的新梢培养成主蔓，落叶后进行短截，留下1.5米左右，进入休眠期。在升温萌芽以后，在主蔓上留4～5个结果新梢进行结果；距地面30厘米以下的萌芽全部抹去；在30～50厘米处留一预备枝，采收后，回缩到预备枝处，使其成为新的主蔓，为第二年结果做好准备。如果没有留预备枝的，也可以在果实采收后，及时将主蔓回缩到距地面30～50厘米处，刺激剪口下的潜伏芽萌发培养成主蔓。但主蔓回缩不能晚于6月上旬，过晚产生的主蔓花芽分化不完全，影响第二年的开花结果。新梢长到8月上中旬时进行摘心，促使枝蔓老熟。落叶后，将其主蔓进行短截，留下1.5米。这样就形成了距地面30～50厘米的主蔓多年保持不动，而30～50厘米以上部分，每年更新一次。

（2）小棚架单蔓整形长梢修剪。株距0.5米，小行距0.5米，大行距2.5米。每一株培养一个主蔓，当主蔓长到1.5～1.8米高时，水平向大行距延伸。使大行距两侧的主蔓相接，呈棚架状。

升温萌芽后，抹除篱架与棚架的转折处以下的萌芽，保证良好的通风透光条件。在水平架面的主蔓上每隔20厘米留一结果新梢结果，将结果新梢均匀布满整个棚面。同时在篱架与棚架的转折处留一预备枝，采收后，回缩到预备枝处，使其成为新的主蔓，为第二年结果做好准备。如果没有留预备枝的，也可以在果实采收后，及时将主蔓回缩到距地面30～50厘米处，刺激剪口下的潜伏芽萌发培养成主蔓。但主蔓回缩不能晚于6月上旬，过晚产生的主蔓花芽分化不完全，影响第二年的开花结果。新梢长到8月上中旬时进行摘心，促使枝蔓老熟。落叶后，将其主蔓进行短截，留下1.2米。这样就形成了篱架部分的主蔓保持多年不动，棚架部分的主蔓年年更新一次。这种整形方式具有结果新梢生长势缓和、通风和光照条件好的特点。

3. 物理清棚

将温室中散落的树叶、果穗、果粒、修剪落地的树枝集中到一块之后，再运到果园外边进行深埋。

4. 灌越冬水

落水后，及时进行中耕松土，在棚内地面铺设白色地膜。

5. 催芽肥水

升温催芽前，以氮肥为主配施磷钾肥，采用沟施或穴施。每亩尿素15千克，15-15-15复合肥30千克，施肥后浇水，促使发芽整齐和枝梢花穗发育。

二、升温催芽期

1. 化学破眠

葡萄经过强迫休眠后，就可进行升温催芽，经过20天左右开始发芽，由于品种和株间差异发芽很不整齐。为使葡萄植株发芽整齐一致，一般于升温催芽后3天内（12月上中旬）进行化学破眠，选择一个晴天，药剂现配现用，用棉球或毛刷蘸取药液均匀地涂抹要发出结果新梢的主蔓部分，使冬芽外围鳞片完全浸湿，枝条顶端1～2个芽不涂，以避免顶端优势的影响。处理后的枝条就近固定于水平的铁丝上，保证萌芽整齐。20天后芽眼开始萌发。

（1）石灰氮处理。石灰氮又名氰氨化钙，15%～20%上清液具有促使葡萄提早萌芽的作用。每亩用量1千克石灰氮。将1千克石灰氮放入陶瓷容器中，对5千克50℃的温水。然后均匀搅拌1小时，防止结块。搅拌均匀后，加盖静置、澄清4～5小时，自然冷却后，用毛刷或棉纱蘸药液涂抹葡萄休眠芽眼上或取上清液用小喷雾器直接喷洒枝条。该药剂粉末状，易飘散，不慎会引起人体中毒，施药过程中应戴手套、口罩，防止进入口、眼、鼻，如粘在皮肤上立即用清水冲洗。

（2）单氰胺处理。1.5%～2.0%单氰胺在葡萄上也具有良好的破眠效果，要注意单氰胺有一定毒性，如不慎粘在皮肤上应立即用清水冲洗。如出现头晕、恶心等症状应停止作业，迅速将病人转移至通风处。

2. 升温催芽

催芽期是一个升温和调温的时期，大多在12月上中旬进行，大约需要20天。如果温度达不到要求可加盖二层膜和三层膜，也可以在棚中生火炉或炭炉，安装浴霸灯等。前期升温要缓慢进行，否则会产生枝条抽干或影响花芽分化，造成产量下降。前期升温过快，气温升上去了，但是地温上不去，这时，地上部要生长，需要水分和养分，可是地下部温度低，根系活动差，不能供给足够的水分和养分，因此产生了枝条抽干。这个时期也是花芽分化的后熟过程，升温过快也会造成花芽分化不良。

第一周：白天15～20℃，夜间5～10℃，空气相对湿度90%以上，土壤相对湿度70%～80%。可利用升降保温被来控制温度。

第二周：白天15～20℃，夜间7～10℃，空气相对湿度90%以上，土壤相对湿度70%～80%。

第三周：白天20～25℃，夜间10～15℃，空气相对湿度90%以上，土壤相对湿度70%～80%。

以后一直保持这样的温湿度，直到芽子萌发。

3. 清棚药

升温催芽5天左右，喷3～5波美度石硫合剂，防治霜霉病、黑痘病、白腐病、白粉病、红蜘蛛等。

第二节　生长前期管理

一、萌芽及新梢生长期

温室葡萄从萌芽到开花一般为35～45天，北方地区大部分萌芽期在12月初到1月初，南方地区因休眠晚，需冷量达不到，棚室葡萄大多萌芽期推迟到2月。

1. 温湿度控制

白天控制在30℃左右，夜间温度在10～15℃为宜。花序大，坐果率高的品种可适当高温；花序小，坐果差的品种不可高温，否则出现花序发育不良甚至退化。此时期温度过高，易发生徒长，枝条细弱，花序分化差，花序小，影响产量。

这一时期正值寒冬，保住夜温是生产中的主要任务。温室在早上拉起保温被前的温度在5～8℃，是正常的，但不能长时间处于5℃以下。提高地温，加速根系发育也是不可忽视的，地上与地下要协调。可采用覆盖白色地膜、高台栽培、提高灌水水温等方法，提高地温。

湿度控制：展叶前相对湿度在70%～80%，展叶后相对湿度在60%～70%。降低湿度的方法有覆盖地膜和滴灌灌水。土壤相对湿度70%～80%。

芽子萌发后，叶片变绿，就开始进行光合作用，增加棚内的光照十分重要。可以通过开闭通风口进行温度控制，禁止使用拉放保温被遮光进行降温。正常天气下保温被的拉放时间为日出后一个小时拉起保温被，日落前1小时放下保温被。

2. 萌芽药

在葡萄冬芽将萌动时（冬芽呈棉絮状时），喷一遍3～5波美度石流合剂加200倍五氯酚钠。此次喷药要全面、彻底。树上、地面、立柱、铁丝都要喷药。如果上一年病害严重可以用三唑类药剂如戊唑醇、已唑醇。上一年白腐病严重可以先用福美多，7天后再用石硫合剂进行预防。

3. 抹芽

在芽子萌发后尚未展叶前，按照"去弱留壮、去晚留早、去密留单、去边留近、去夹留顺"的原则，抹去瘦弱芽、晚萌芽、多余芽、位置不当芽，留下壮芽。抹芽宜早不宜迟，分2～3次进行，间隔3～5天。

注意事项：树势强者轻抹，树势弱者重抹。

（1）第一次抹芽。在毛茸茸的芽长出1～2厘米时，每个芽眼会长两个芽，我们要用手轻轻抹去比较小的芽，留一个饱满大而扁的壮芽。在抹芽的同时，对为了萌芽整齐而绑缚水平的主蔓进行解缚，再按照设计的树形进行绑缚。采用"猪蹄扣"＋"8"字形的方法进行绑缚，注意调整各主蔓的位置要有利于架面通风透光，保证枝蔓间距离均匀。

（2）第二次抹芽。待新芽长出4～5片叶子可以看到花序后，在主蔓上每隔20～25厘米处留一个粗壮、有花序的新梢。其余弱枝、徒长枝以及无花序的枝全部抹去。

（3）定梢定果。定梢是抹芽的继续，当新梢长到15～20厘米，在能辨别有无花序、新梢生长势时进行。定梢必须根据品种、树势、负载量、架面通风透光性、管理水平等决定。去掉过强、过弱梢，强结果母枝上多留新梢，弱结果母枝则少留，有空间处多留，过密处少留。在生产上一般采用按棚架面积定梢：每平方米保留15～20新梢。按距离定梢：单壁篱架5～10厘米留一新梢，双壁篱架10～15厘米留一新梢。

定果：一般壮梢留1～2个花序，中庸梢留1个花序，延长枝和细弱梢不留花序。

4. 引缚绑梢

为了合理利用空间，按照一定的距离将枝蔓均匀分布于架面上。用绑扎物在铁丝上打"猪蹄扣"不松动，然后扭成"8"字形，将枝蔓拢住，结上活结，使枝蔓固定于活扣中，这样，既为枝蔓加粗生长留有一定的余地，又不伤枝条嫩皮、不滑动。

5. 摘心

摘心的目的是停止营养生长，集中养分供给开花。如何确定摘心的时间呢？在温室中找出一个最壮的结果新梢，当这个新梢上的第一朵花显开的时候，摘心最合适。

6. 花前肥水

萌芽后，结合灌水，每亩穴施15-15-15含量的氮磷钾复合肥50千克，行间中耕松土。还要注意补充微肥，主要是硼肥和锌肥的补充，可以促进坐果，保证坐果比较匀实，不出现大小粒现象。可以土施150～200克硼锌肥，也可以叶面追肥，准备摘心前先喷一遍2 000倍液瑞培硼+800倍液安泰生，硼肥和锌肥都有了，同时还能防病。

7. 花前喷药

主要防治灰霉病、穗轴褐腐病、白粉病、介壳虫、盲蝽象等。常用药剂：安泰生+代森锰锌+杀虫剂。

温度在22～26℃，湿度在60%～70%的时候最易得灰霉病，这个温湿度正好和花期要求的一样，温室葡萄花期灰霉病永远是最头疼的病害。所以，叶面追肥时用到了安泰生补锌，对灰霉病有特别好的预防效果。得了灰霉病后治疗时用得最多的是施佳乐1 000倍液或扑海因，抗性低的药有应急克、特锐菌。

盲蝽象：在露地严重，症状叶尖上皱着展不开，展开了有破洞（破叶），防治的时机：破叶后的三到四叶期，更重要的是防止为害果，在落花后这个药，结合防白粉病灰霉病同时加上一个锐劲特或酷毕。

介壳虫：有两种黄豆大的是远东盔蚧、小的是康氏粉蚧，远东盔蚧发现壳体开始变红膨大的时候，就开始用亩旺特4 000倍液、毒死蜱2 000倍液。

8. 人工施用二氧化碳气肥

在新梢长至15厘米时开始，日出后使用。温室内每隔7～10米，高度1.5米吊置1个塑料盆或桶，倒入适量稀硫酸，随时加入碳酸氢铵释放CO_2气体。开花前后、幼果膨大及浆果着色成熟期尤其要施用CO_2。

二、开花期

花前和盛花期尽量要控制浇水。湿度必须要控制住。温度特别大的时候，第一不易坐果，第二容易得病。

1. 温湿度控制

为了保证授粉受精的顺利进行，夜间保持在15℃左右，白天以22～26℃为最适，最高不超过28℃。此期白天温度达到27℃时，应通风降温，使温度维持在25℃左右。此时期温度过高，花粉活力降低，代谢速度加快，坐果率降低，落花落果严重，叶片易出现黄化脱落等现象。要将空气湿度控制在65%左右，土壤相对湿度65%～70%，湿度过高消耗营养，影响花芽分化；叶片蒸腾受阻，影响根系对矿质元素的吸收和利用；还会引发灰霉病。过低，柱头干燥影响授粉受精和坐果。

2. 无核化处理

生产上大多采用赤霉素在花前和花后各10天左右，分别浸蘸或喷布花序和果穗，浓度为50～100毫克/升。第一次处理是破坏种子的形成，从而达到无核的目的。第二次处理是为了使果粒增大。经过无核化处理的葡萄大粒、早熟、无籽、丰产、优质。

3. 疏花序

花前一周，疏除弱小的、畸形的、过密的和位置不当穗，可结合无核化处理一起进行。一般弱枝不留穗，中庸枝留一穗，壮枝留两穗（旺二、中一、弱不留）。一般每株平均留4～5个果穗为宜。

4. 花序整形

结合无核化处理和疏花序一起进行。在开花前一周进行，先将花序上的副穗掐去，再把主穗上的大分枝掐去2～3个，再将主穗的穗尖掐去整穗的1/5或1/4，最好穗长12～15厘米长，使果穗大小趋向一致，坐果紧凑，穗形更美观。养分集中供应所留果粒，着色整齐，提高果实商品性。

5. 花期叶面追肥

在初花期、盛花期各喷施一次0.3%磷酸二氢钾+0.3%硼酸或硼砂溶液，以促进花粉管伸长、提高坐果率，记得喷肥后敲打铁丝。

6. 人工授粉

经过无核化处理的温室可不进行人工授粉。授粉毛刷：用一块带毛的兔皮钉在木板上制成授粉毛刷。在盛花期没有露水的上午，用毛刷在花序上来回刷。

7. 花后药

施佳乐1 000～1 200倍液+磷酸二氢钾500倍液+高效氯氰菊酯4 000倍液。

骤干骤湿时易得白腐病。花期前后不多，花谢后坐住果了易患病，发生严重的温室可以用安泰生、代森锰锌保护性预防。

8. 绑枝梢、副梢处理

绑枝梢方法同上。

结果枝的副梢处理有两种方法：花序以下的副梢全抹去，花序以上的副梢可留1片叶绝后摘心，新梢顶端1～2节的副梢可留2～3片叶摘心，以后发出的二次梢、三次梢按此法反复进行。

预备枝的副梢处理：除去顶端保留一个副梢处，其余副梢全部抹除。新梢顶端1节的副梢留一片叶子绝后摘心。

副梢绝后摘心：副梢留一片叶子，进行摘心。摘心后抹除叶腋间的冬芽及夏芽，防止再次发出副梢。

9. 叶面追肥

每隔10～15天喷0.3%磷酸二氢钾溶液1次。

10. 顺穗、摇穗和拿穗

在谢花后的下午进行，结合绑枝梢、副梢处理，把搁置在铁丝或枝蔓上的果穗理顺到有空间的位置。同时，将果穗轻轻摇晃几下，摇落干枯和受精不良的小粒。果粒发育到黄豆粒大小后进行拿穗，把果穗上交叉的分枝分开，使各分枝和各果粒之间都有一定的顺序和空隙，有利于果粒的发育和膨大。

第三节 生长后期管理

一、果实膨大期

1. 温湿度控制

白天气温控制在28～30℃，夜间仍维持12～15℃。此时，露天气温已高，注意通风，使棚内白天的温度不超过30℃，防止温度过高导致徒长。空气相对湿度60%～70%，土壤相对湿度70%～80%。

2. 疏粒

在果粒长到黄豆大时进行。先把小果粒疏去，保留大小均匀一致的果粒，再将影响穗形的、过密的果粒剪去，剪去个别突出的大粒和畸形的果粒以及穗轴上向内侧生长的果粒。一般大穗留80～100粒，中等穗留60粒，小穗留40～50粒，并将果穗整成圆锥形。

3. 果实套袋

在葡萄花后的一个月之前，果粒直径长到1厘米时停止。对果穗均匀细致喷一遍杀菌剂，然后对果穗进行套袋。

4. 膨果肥水

第1次花后10天膨果肥，果粒绿豆大到黄豆大时，每亩穴施腐殖酸钾肥30千克、二铵20千克，施肥后及时灌水，行间中耕松土。

喷施叶面肥：从果实膨大期开始，每隔7～10天喷施0.3%磷酸二氢钾或硝酸钙肥3～5次，以促进浆果着色和枝蔓成熟，提高果实含糖量和果实硬度，增强抗性。

5. 预防药

预防药每隔10～15天喷1次，杀菌剂+杀螨剂，可以使用波尔多液、代森锰锌、多菌灵、甲基托布津、阿维菌素、哒螨灵、苦参碱等药剂，要注意交替使用。

6. 第二次膨果肥水

第2次与第1次间隔10天，每亩追施腐殖酸钾肥20千克，施肥后及时灌水，行间中耕松土。

二、果实着色至成熟期

1. 温湿度控制

为了促进浆果着色，白天25～32℃，夜间15℃左右，昼夜温差10℃以上利于糖分累积。空气湿度控制在50%～60%为宜，土壤相对湿度60%～70%。

2. 铺反光膜、后墙挂反光膜

揭去白色地膜，然后进行中耕松土，再铺上反光膜。在后墙上挂上反光膜，注意角度，正中午时，后墙上的反光膜反的阳光，要照入棚内。

3. 采果肥水

果实软化，转色开始。钾肥30千克，二铵20千克，穴施，施入及时灌水，行间中耕松土。

叶面追肥7～10天1次，以稀土微肥和光合微肥为主。

4. 转色药

重点防治霜霉病、白腐病、褐斑病、叶螨等病虫害。预防药每隔10～15天喷1次，杀菌剂+杀螨剂，可以使用波尔多液、代森锰锌、多菌灵、甲基托布津、阿维菌素、哒螨灵、苦参碱等药剂，要注意交替使用。出现虫害之后，要加入杀虫剂。

三、果实采收后

许多果农采收后，不重视采后管理，多进行粗放式管理。试验表明，采后精细管理的温室比粗放管理的产量提高10%～20%。

1. 温湿度控制

接近于露天栽培，打开所有通风口。雨天关闭通风口。

2. 去果袋

在果实采收前半月，先从果袋底部撒开，在采收前1周的阴天或下午全部去除，以促进果实着色。

3. 适时采收

表现出品种固有的色泽，果粒透明，果粒变软有弹性，达到了该品种的含糖量和风味时进行采收，可适当提早采收。采前10～15天停止灌水。用左手手指捏住穗梗，右手拿修枝剪，从靠近枝条处剪断，放入周转筐中。

4. 采后重回缩

果实采收后要及时进行重回缩。有预备枝的回缩到预备枝处，将预备枝培养成第二年的结果母枝；没有预备枝的篱架的回缩到距离地面50厘米处，棚架的回缩到篱架与棚架的交界处。

促使潜伏芽萌发，培养出新的结果母枝。但主蔓回缩不能晚于6月上旬，过晚产生的主蔓花芽分化不完全，影响第二季的开花结果。

5. 采后肥水

穴施15-15-15含量复合肥15千克+尿素10千克。施肥后及时灌水，行间进行中耕松土。

四、培养新主蔓

采后重回缩后大约20天后萌发出新梢。

1. 抹芽

萌发出的芽子数量较多，要从中选择一个生长势强的作为主蔓进行培养，抹除其他无用的芽子。

2. 绑蔓

一般在新梢30厘米左右长时开始绑蔓，将新发生的蔓均匀绑在架上。

3. 促蔓肥水

每亩穴施尿素50千克+15-15-15含量复合肥100千克，施肥后及时灌水，行间中耕松土。

4. 除副梢、除卷须

多采用长梢修剪，由地面上50厘米或棚架与篱架的交界处直接培养1～1.5米的长梢作主蔓，抹除主蔓上的所有副梢。

5. 叶面追肥

每隔7～10天喷施0.3%磷酸二氢钾溶液。

6. 摘心、副梢处理

在8月中旬前，主蔓长满架面后摘心，除掉主蔓上所有副梢。

7. 防霜霉病、及时除草

采果后，每隔15天喷1∶0.7∶200波尔多液1次，也可以间喷其他杀菌保护剂，如甲基托布津、代森锰锌等。出现虫害之后，加入杀虫剂。

五、秋后管理

1. 施基肥

每亩施腐熟农家肥4 000千克以上+70千克15-15-15含量复合肥+30千克生物菌肥，在行间开深30～40厘米的沟，将肥料撒施沟内，与土充分混匀，填沟，施肥两天后浇透水。农家肥以牛羊肥为主，鸡粪不宜施用。

2. 设施管理

揭掉旧地膜或反光膜。检查或更换棚膜。

第七章 葡萄病虫害防治

第一节 常用药剂制作

一、石硫合剂熬制

主要工作步骤：建锅灶→选料→熬制→贮存。

（1）建锅灶。建造时要两锅相连，前锅熬制，后锅烧开水备用。炉膛要大而广。

（2）选料。石灰应选择白色、质轻、无杂质、含钙高的优质石灰。水应用清洁的河水、井水等。硫黄要用色黄质细的优质硫黄粉，最好达到350目以上。洗衣粉以中性为好。石块以拳头大小、质轻为好。硫黄、石灰、水、石块的比例为2∶1∶15∶5，再加入总用水量0.4%的洗衣粉。

（3）熬制。

加水：根据配制比例，在前锅中加一定量的水，后锅内加得水要多于前锅（烧开水备前锅加水，使前锅在熬制过程中保持水量不变）。

溶硫黄：盖上锅盖开始烧火，当水温达60℃时把化好的洗衣粉倒进锅里进行搅拌。接着用箩把硫黄粉均匀撒在锅里，边撒边搅拌，由于洗衣粉的作用，硫黄粉很快溶于水。

放石灰：当水温达到80℃时，立即把石灰块顺锅边放到锅里，随后把石头也顺锅边放到锅里，搅拌几下，盖上锅盖，进行熬制，并开始计时。

前大：熬制时，由于石灰放出大量的热量，水马上沸腾，石灰和硫黄开始进行反应，这时炉膛里的火应大而均匀，使整个锅沸腾，以促进反应速度。有时锅里气泡很大会溢出药液来，掀一下锅盖，气泡就会马上破裂。因锅里放了石块，会自动搅拌，只要火候掌握得好，基本不会跑锅。

中稳：计时到15分钟时火应匀而稳。

后小：20分钟后火要弱而匀。烧火应掌握前大、后小、中间稳，始终保持整个锅沸腾。

观察：熬制25分钟时，应及时观察火候，当药液熬到酱油色、锅底渣子变为深绿色时马上停火出锅。如果渣子呈墨绿色，则说明火候已过，有效成分开始分解；若渣子呈黄绿色，表明火候不到，应继续加火。

（4）贮存。把熬制好的"石硫合剂原液"从锅里舀出来放入塑料容器里面。

该法熬制石硫合剂口诀：慢烧火，加锅盖，加调料，放石块；先撒硫黄粉，后放石灰块，不用人搅锅，时间只一半，工序配方改，成本降一块。

注意事项：石硫合剂的原液的浓度比较大，千万不要直接用原液向树上喷洒，以防烧伤树皮。

（5）稀释成5波美度石硫合剂。

测原液度数→计算加水量→稀释→验证度数→喷洒。

把石硫合剂原液倒入量杯，然后把波美计插入量杯中，量出波美度。例如量杯中石硫合剂的原液是23度。再计算出将原液稀释成5度稀释液的对水量。计算方法是这样的，原液浓度除以5，减去1，就等于对水量。还以我们刚才测试的结果为例：23除以5减去1等于3.6，也就是说，将一份石硫合剂原液对上3.6份水，就成为5度的石硫合剂稀释液。稀释完成以后，还要再检测验证一下是否正确。检查验证的方法同测原液的方法是一样的。将稀释的石硫合剂稀释液倒入量杯，把波美计插入量杯中，量出波美度。通过检查证明，刚才调制的石硫合剂稀释液正好是5度，可以向树上喷洒了。如果通过检查不是5度，则不能向树上喷洒，还要继续进行调制，直到稀释成符合要求的度数。

二、波尔多液配制

1. 原料准备

块状石灰、硫酸铜结晶。

2. 配制

用10%的水将石灰块化成浓石灰乳溶液，过滤后倒入药罐中。用热水溶解硫酸铜并过滤，在加水的同时稀释硫酸铜并注入药罐中，边注入边搅拌，直到变为天蓝色波尔多液为止。

3. 注意事项

（1）波尔多液需随配随用，不可放置时间太长，24小时后不宜使用。

（2）防止硫酸铜颗粒直接进入药罐；不可将石灰乳倒入硫酸铜溶液中，稳定性差，影响药效。

（3）不能用金属容器盛放波尔多液，铁制药罐使用后，要及时清洗，以免腐蚀而损坏。

（4）与石硫合剂间隔20天以上

（5）在喷药过程中，要不断搅动药罐。

第二节 葡萄病害

1. 葡萄霜霉病

（1）识别。

叶片：正面初为淡黄色多角形斑点逐步扩大变为黄褐色，叶背有白色霜霉状物。逐渐干枯成褐色枯斑，联合成多角形大斑，病叶易脱落（图7-1）。

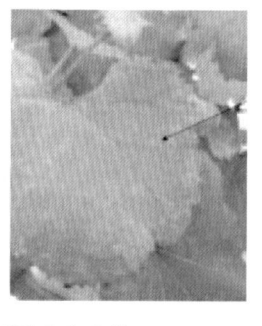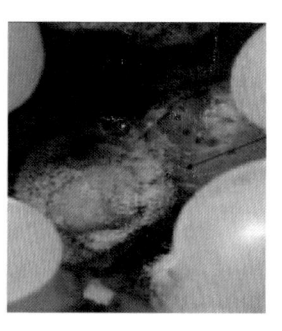

图7-1 葡萄霜霉病为害状

（2）关键期。化学清园期、7—8月阴雨、潮湿、多雾天气极易发生。

（3）保护性预防药剂。3～5波美度石硫合剂、1:（0.5～0.7）:200的波尔多液、75%百菌清可湿性粉剂800倍液、80%代森锰锌600～800倍液、50%异菌脲800倍液、30%醚菌酯2 000倍液。

农业防治：物理清园；降低果园湿度，改善通风透光。

（4）急救治疗药剂。25%甲霜灵500～600倍液、80%烯酰吗啉2 500～3 000倍液、250克/升嘧菌酯1 200～1 500倍液。

2. 葡萄炭疽病

（1）识别。以为害果穗为最重，近成熟时显现症状。

果粒表面产生针头大小的褐色圆形小斑点，水渍状，进而扩大变褐，长出同心轮纹状排列的小黑点，潮湿时涌出粉红色黏液，腐烂凹陷（图7-2）。

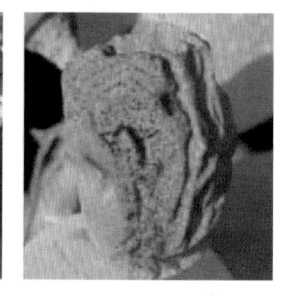

图7-2 葡萄炭疽病为害状

（2）关键期。化学清园期、落花期、6月中旬至7月下旬。

（3）保护性预防药剂。3～5波美度石硫合剂、1：（0.5～0.7）：200的波尔多液、75%百菌清可湿性粉剂800倍液、80%代森锰锌600～800倍液、70%甲基硫菌灵可湿性粉剂800倍液、50%退菌特500倍液。

农业防治：物理清园、改善通风透光，增施钾肥。

人工防治：摘除病穗。

（4）急救治疗药剂。50%醚菌酯干悬浮剂3 000～5 000倍液、25%咪鲜胺乳油600倍液、10%苯醚甲环唑水分散粒剂3 000倍液、25%丙环唑乳油2 000～2 500倍液、50%咪鲜胺锰盐可湿性粉剂800～1 200倍液、43%戊唑醇悬浮剂2 000～2 500倍液等。

3. 葡萄灰霉病

（1）识别。花序：初淡褐色水渍状，似热水烫状，渐变暗褐色，病部组织软腐，表面密生灰霉，萎蔫，幼果脱落。

叶片：淡褐色，不规则形的病斑，后长出鼠灰色霉层。

果实：褐色凹陷病斑，进而果实软腐，长出鼠灰色霉层，果梗变黑色，很快病部长出黑色块状菌核（图7-3）。

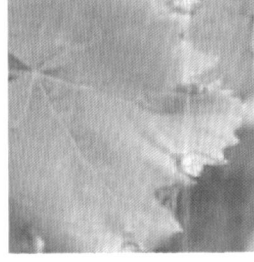

图7-3　葡萄灰霉病为害状

（2）关键期。化学清园期、花前、花后。

（3）保护性预防药剂。3～5波美度石硫合剂、1：（0.5～0.7）：200的波尔多液、75%百菌清可湿性粉剂800倍液、80%代森锰锌600～800倍液、70%甲基硫菌灵可湿性粉剂800倍液、50%退菌特500倍液。

农业防治：物理清园、改善通风透光，增施钾肥。

人工防治：摘除病穗。

（4）急救治疗药剂。50%醚菌酯干悬浮剂3 000～5 000倍液、25%咪鲜胺乳油600倍液、10%苯醚甲环唑水分散粒剂3 000倍液、25%丙环唑乳油2 000～2 500倍液、50%咪鲜胺锰盐可湿性粉剂800～1 200倍液、43%戊唑醇悬浮剂2 000～2 500倍液等。

4. 葡萄黑痘病

（1）识别。主要为害葡萄的幼嫩部分。

叶片：产生针头大黑褐色斑点，周围有黄色晕圈，后中部凹陷，呈灰白色，边缘呈暗紫色，常干裂穿孔。

新梢：圆形褐色病斑，后期中间凹陷开裂，呈灰黑色，边缘紫褐色。

幼果：初为圆形深褐色小斑点，后扩大，直径可达2～3毫米，中央凹陷、灰白色，边缘紫褐色，似"鸟眼"状（图7-4）。

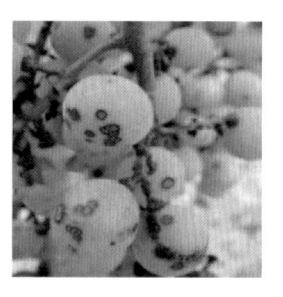

图7-4 葡萄黑痘病为害状

（2）关键期。化学清园期、花前、落花后。

（3）保护性预防药剂。3～5波美度石硫合剂、1∶（0.5～0.7）∶200的波尔多液、50%多菌灵可湿性粉剂1 000倍液、65%代森锌可湿性粉剂500～600倍液、86.2%氢氧化铜悬浮剂1 000～1 400倍液、70%代森锰锌可湿性粉剂600～800倍液。

农业防治：合理施肥、合理夏剪、清除杂草、控制负载量。

（4）急救治疗药剂。70%甲基硫菌灵可湿性粉剂800～1 000倍液、50%咪鲜胺可湿性粉剂1 200～1 600倍液、50%退菌特可湿性粉剂800～1 000倍液、40%氟硅唑乳油6 000～8 000倍液、50%腐霉利可湿性粉剂800～1 000倍液。

5. 葡萄白腐病

多发生于果实着色期。

（1）识别。

果实：初穗轴和果梗上产生淡褐色、水渍状病斑，进而病部皮层腐烂，手捻极易与木质部分离脱落，并有土腥味。果粒呈淡褐色软腐，严重时全穗腐烂，病果易受震脱落。

枝蔓：多发于机械伤处或接近地面的部位，初出现水浸状、红褐色、边缘深褐色病斑，后扩展成长条形病斑，黑褐色，病部稍凹陷，表面密生灰色小粒点。

叶片：下部叶片始，淡褐色、水渍状、近圆形病斑，同心轮纹，散生灰白色至灰黑色小粒点，叶脉两边居多，后期干枯破裂（图7-5）。

图7-5　葡萄白腐病为害状

（2）关键期。化学清园期、开花后、多雨季、发病前撒药土（50%福美双可湿性粉剂1份、硫黄粉1份、碳酸钙1份3药）、喷地面［50%退菌特可湿性粉剂（福美双·福美锌·福美甲胂）1000倍液］。

（3）保护性预防药剂。3～5波美度石硫合剂、1：（0.5～0.7）：200波尔多液、50%硫悬浮剂200倍液、50%克菌丹可湿性粉剂200倍液、75%百菌清可湿性粉剂700～800倍液、50%福美双可湿性粉剂500～1000倍液、65%代森锌可湿性粉剂600～800倍液。

农业防治：物理清园、及时排水、减少伤口。

（4）急救治疗药剂。10%苯醚甲环唑水分散粒剂2500～3000倍液、40%氟硅唑乳油4000～6000倍液、70%甲基硫菌灵可湿性粉剂800倍液、25%嘧菌酯悬浮剂800～1250倍液、50%甲基硫菌灵可湿性粉剂800倍液。

6. 葡萄穗轴褐枯病

（1）识别。

穗轴：褐色水渍状斑点，后变褐坏死，果粒失水萎蔫或脱落，表面生黑色霉状手。

果实：直径2毫米圆形深褐色小斑，后呈疮痂状，果穗干枯（图7-6）。

图7-6　葡萄穗轴褐枯病为害状

（2）关键期。化学清园期、落花后。

（3）保护性预防药剂。3～5波美度石硫合剂、1：（0.5～0.7）：200波尔多液、50%克菌丹可湿性粉剂200倍液、75%百菌清可湿性粉剂700～800倍液、50%福美双可湿性粉剂500~1 000倍液、65%代森锌可湿性粉剂600~800倍液。

农业防治：合理施肥、合理夏剪、清除杂草、控制负载量。

（4）急救治疗药剂。25.5%异菌脲800~1 000倍液、40%嘧霉百菌清800~1 500倍液、50%扑海因可湿性粉剂1 500倍液、40%苯醚甲环唑5 000倍液、25%嘧菌酯2 000倍液、24%甲硫己唑醇1 500倍液。

7. 葡萄褐斑病

只为害叶片。

（1）识别。

大褐斑病：初叶表面产生许多褐色小斑点，后病斑扩大。叶背病斑边缘模糊，淡褐色，后期生灰色或深褐色的霉状物。

小褐斑病：病斑较小，大小一致，边缘深褐色，中部颜色稍浅，后期背面有明显的黑色霉状物（图7-7）。

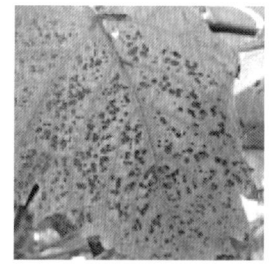

图7-7 葡萄褐斑病为害状

（2）关键期。萌芽后、展叶后至6月中旬。

（3）保护性预防药剂。3~5波美度石硫合剂、1:（0.5~0.7）:200波尔多液、80%代森锰锌可湿性粉剂500~800倍液、50%多菌灵可湿性粉剂1 000倍液、75%百菌清可湿性粉剂800~1 000倍液、65%代森锌可湿性粉剂500~800倍液。

农业防治：物理清园、合理施肥、合理夏剪、增强树势。

（4）急救治疗药剂。53.8%氢氧化铜悬浮剂1 000~1 200倍液、10%苯醚甲环唑水分散粒剂3 000~5 000倍液、25%丙环唑乳油3 000~5 000倍液、5%己唑醇悬浮剂1 000~1 200倍液、50%异菌脲可湿性粉剂1 000倍液、50%氯溴异氰脲酸可溶性粉剂1 500倍液、70%甲基硫菌灵可湿性粉剂800倍液。

8. 葡萄白粉病

主要为害叶片、新梢及果实等幼嫩器官，老叶及着色果实较少受害。

（1）识别。主要为害叶片、新梢及果实等幼嫩器官（图7-8）。

果粒：表面产生一层灰白色粉状霉，擦去白粉，表皮呈现褐色花纹。

叶片：表面产生一层灰白色粉状霉，严重时病叶卷缩枯萎。

枝蔓：初呈现灰白色小斑，后扩展到全蔓发病，由灰白变成暗灰，最后黑色。

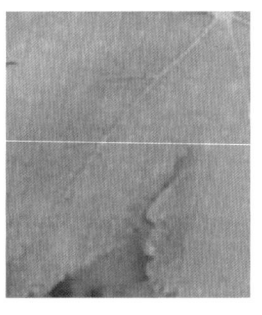

图7-8　葡萄白粉病为害状

（2）关键期。萌芽后是防治最关键期；花前花后至大幼果期为发病高峰期，是干旱病害。

（3）保护性预防药剂。3～5波美度石硫合剂、1：（0.5～0.7）：200波尔多液、80%代森锰锌可湿性粉剂500～800倍液、50%多菌灵可湿性粉剂1 000倍液、75%百菌清可湿性粉剂800～1 000倍液、65%代森锌可湿性粉剂500～800倍液。

农业防治：物理清园、增强树势、保持通风透光。

（4）急救治疗药剂。10%氟硅唑1 500倍喷雾、70%甲基硫菌灵可湿性粉剂1 000倍液、乙嘧酚控白800倍液、40%多·硫悬浮剂600倍液、50%硫悬浮剂200~300倍液、56%嘧菌酯百菌清600倍液。

第三节　葡萄虫害

1. 绿盲蝽

（1）识别。成虫和若虫刺吸嫩叶、嫩芽、幼果等幼嫩组织汁液进行为害（图7-9）。

叶：初现淡红色小点，后变为黑色，最后形成不规则孔洞。

果：初不规则黑点，后变褐，形成疮痂。

图7-9　绿盲蝽为害状

（2）关键期。物理清园、萌芽前、花前、花后及幼果期。

（3）急救防治。高效氯氰菊酯、噻虫嗪、吡蚜酮等。

2. 蓟马

（1）识别。成虫和若虫吸食幼果、嫩叶、新梢汁液进行为害（图7-10）。

果：初纵向黑斑，后木栓化呈褐色锈斑，有时裂果。

叶：初褪绿黄斑，后叶变小，卷曲、干枯、穿孔。

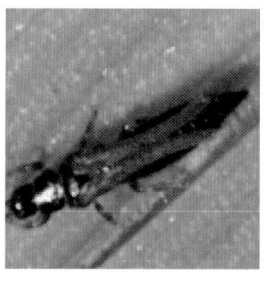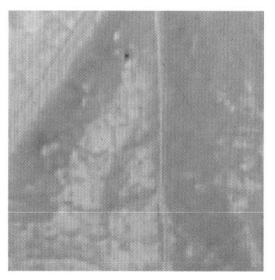

图7-10　蓟马为害状

（2）关键期。物理清园、开花前。

（3）急救防治。溴氰菊酯、吡虫啉、硫酸烟碱等。

3. 葡萄短须螨

（1）识别。为害叶片、果梗、果穗（图7-11）。

叶：出现很多黑褐色斑点，严重时焦枯脱落。

图7-11　葡萄短须螨为害状

（2）关键期。化学清园期、根据虫情而定。

（3）急救防治。联苯菊酯、炔螨特、阿维螺螨酯。

4. 葡萄二星叶蝉

（1）识别（图7-12）。

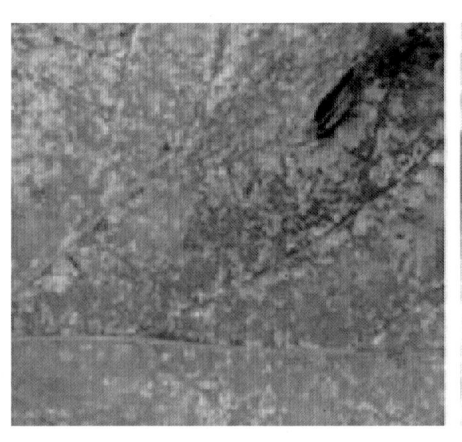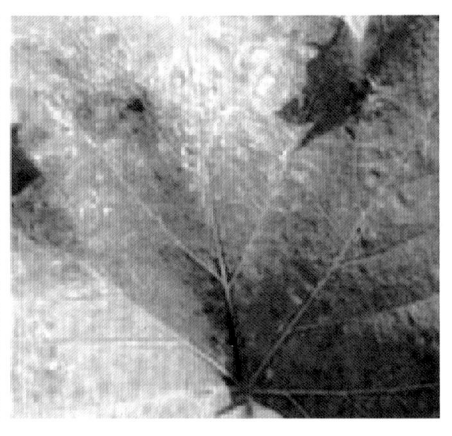

图7-12　葡萄二星叶蝉为害状

（2）关键期。秋季清园期、展叶后。

（3）急救防治。敌敌畏、吡虫啉、菊酯类农药。

主要参考文献

董建新. 2012. 寒冷地区下挖式日光温室建造技术[J]. 安徽农学通报（7）：218-219.

胡永军，吕从海，赵小宁. 2011. 大跨度半地下日光温室结构设计与建造[J]. 农业工程技术：温室园艺
　　（5）：32-34.

胡永军，潘子龙，赵志伟，等. 2013. SG-5-A-Ⅱ型日光温室结构设计与建造[J]. 农业科技与装备（2）：
　　31-33.

劳秀荣. 2001. 果树施肥手册[M]. 北京：中国农业出版社.

黎盛臣. 2012. 大棚温室葡萄栽培技术[M]. 北京：金盾出版社.

李素华. 2014. 2014年温室葡萄草莓立体栽培技术[J]. 河北果树（6）：35-36，42.

马骏,蒋锦标. 2006. 果树生产技术北方本[M]. 北京：中国农业出版社.

王华民，杨孟，李维山，等. 2009. 吐鲁番市下挖式日光温室建筑技术[J]. 农村科技（5）：11-12.

王金政. 1998. 油桃樱桃李杏葡萄塑料大棚栽培技术[M]. 济南：山东科学技术出版社.

于毅，王少敏. 2009. 果园新农药300种[M]. 第2版. 北京：中国农业出版社.

张开春. 2004. 果树育苗手册[M]. 北京：中国农业出版社.

张耀芳. 2012. 北方果树苗木生产技术[M]. 北京：化学工业出版社.

朱立民，杨光峰，李靖. 2014. 日光温室葡萄优质高效栽培技术[J]. 农业与技术，4（1）：122-123.